AF474716

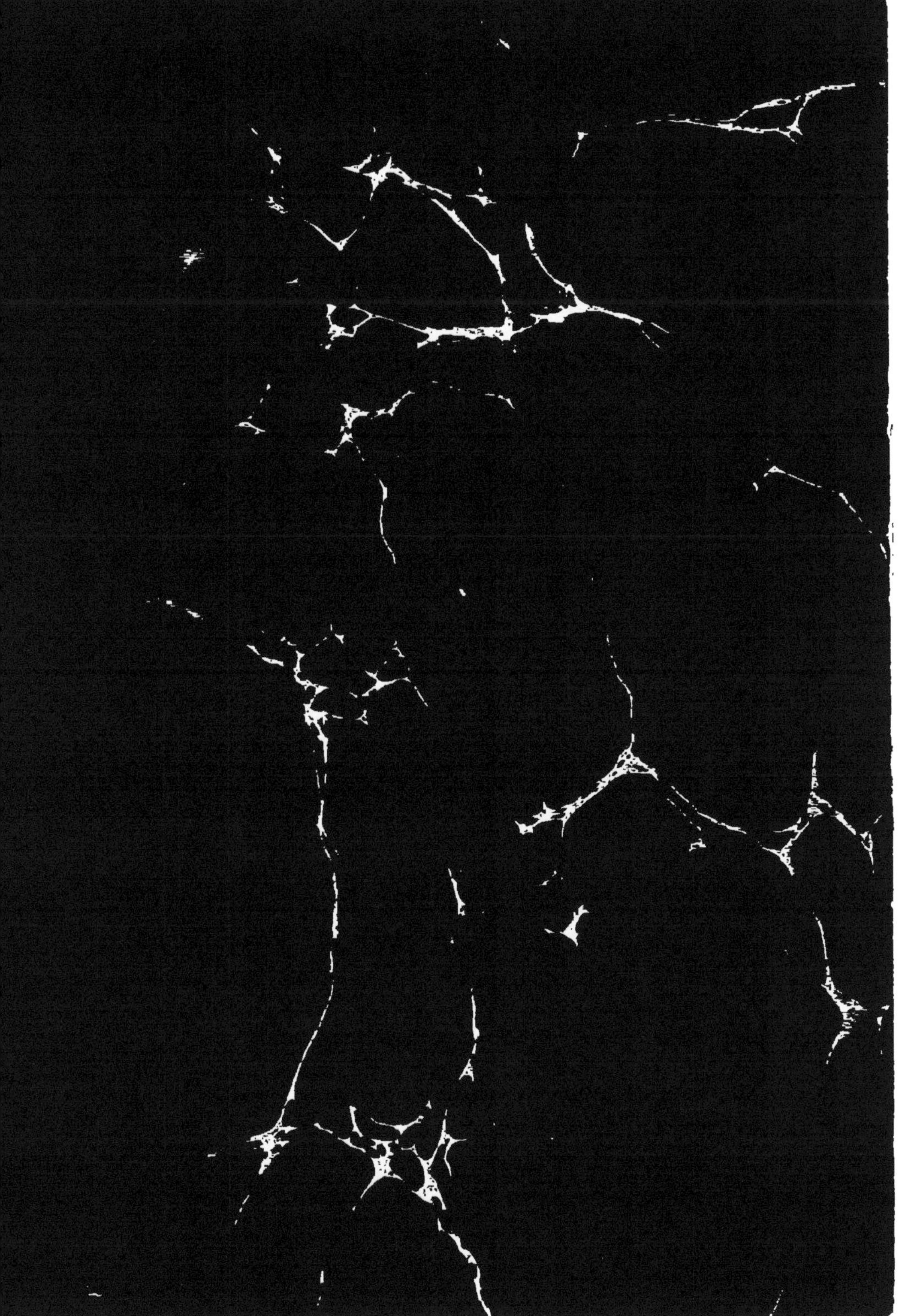

SINGULARITÉS

PHYSIOLOGIQUES

I

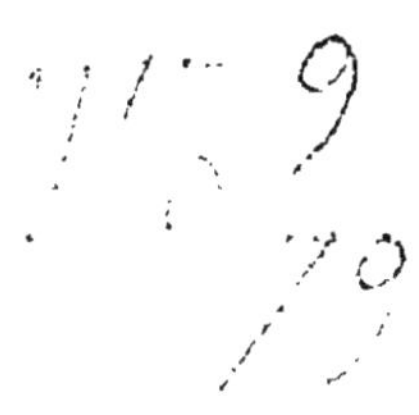

PARIS. — DE SOYE, IMPRIMEUR, PLACE DU PANTHÉON, 2

LUCINA SINE CONCUBITU

OU LA

GÉNÉRATION SOLITAIRE

PAR ABRAHAM JOHNSON

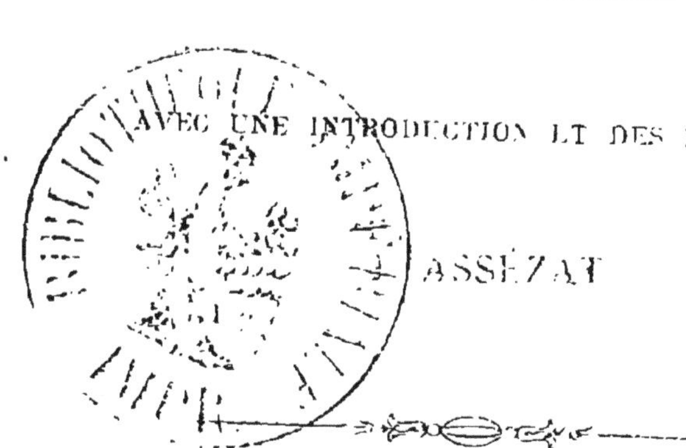

AVEC UNE INTRODUCTION ET DES NOTES DE

ASSÉZAT

PARIS

FRÉDÉRIC HENRY, LIBRAIRE
GALERIE D'ORLÉANS, 12

1865

INTRODUCTION

Le livret que nous réimprimons aujourd'hui est une de ces vives plaisanteries comme en savait faire notre dix-huitième siècle tant honni par les pesants spiritualistes de nos jours ennuyés. Il est louable pour bien des raisons. Il a été loué par des gens graves, séduits par son but moral qui ne se peut nier; il l'a été par d'autres critiques simplement attirés par l'ingéniosité de son invention et par l'originalité de ses preuves, en même temps que par la tenue de son ironie. Il nous vient d'Angleterre et une partie de ses qualités sent le terroir, mais il a été remanié en France et il a pris à ce remaniement un vêtement nouveau qui ne lui sied point mal et qui atténue à la fois et la cruauté de la satire et le sérieux des raisons.

Pour certains, cette atténuation serait un amoindrissement. Nous y voyons, nous, une de ces greffes heureuses qui diminuent, il est vrai, la vigueur du sauvageon mais qui lui permettent de porter des fruits plus doux et, si l'on peut ainsi parler, plus civilisés. Le rire est devenu du sourire. Encore était-ce bien du rire ?

L'Angleterre a un rire particulier. Ce n'est pas du tout celui de la France et il s'acclimatera difficilement en ce pays, malgré l'anglomanie qui persiste depuis plusieurs siècles et que nous entendons toujours attaquer comme une nouveauté par les prétendus gardiens du véritable et vieux génie français. Ce rire est provoqué par une qualité spéciale de l'esprit chez l'écrivain comme chez l'auteur. Nous avons voulu, plus d'une fois, depuis cent ans, franciser le mot humour qui indique cette qualité, nous n'y sommes point parvenus : il faut toujours le souligner. C'est que la chose n'existe pas en France. Le Français a toujours eu peur du trop. Trop d'esprit lui déplaît, trop de bon sens lui fait honte, trop de sagesse l'ennuie, trop de facilité le dégoûte. Il a un sentiment si profond de la vivacité de ses perceptions qu'il lui semble qu'on lui fait l'injure d'en douter lorsqu'on ose déduire d'un principe toutes ses conséquences. Les écrivains qui croient que ce qui n'est pas écrit dans un livre n'y est pas, ont tort. Les lecteurs français prétendent que cela y est et le prouvent en dédaignant les livres où les opinions fortement étayées appellent géométriquement les conclusions, pour se ruer sur ceux où la conclusion est laissée à leur imaginative et où les opinions ne sont pas choquantes parce qu'elles ne sont pas des convictions. C'est considérer l'auteur comme un protégé d'un rang inférieur auquel on veut bien faire l'honneur de lire son manuscrit à la condition qu'il le corrigera suivant sos indications et qu'il ne tirera pas avantage de cette condescendance pour croire qu'il a pu se hausser jusqu'à vous et changer une seule de vos idées. C'est encore une façon de prendre un livre comme un de ces motifs que les écrivains religieux intitulent : s u j e t de m é d i t a t i o n et les musiciens : t h è m e à v a r i a t i o n s. Aussi, quels résultats ! Je n'en veux rien dire. Je suis en société gaie et ne voudrais point attrister mes voisins ni m'attrister moi-même en faisant ici le relevé des mécomptes qui attendent l'homme de lettres, je ressaute donc brusquement hors de ce cercle en disant que l'humour est le plus souvent ce trop qui nous effraie. Dans notre petit volume, de Sainte-Colombe a su corriger ce qu'avait de trop nu la facétie de John Hill et nous-même, croyons-nous, ce qu'avait de trop languissant la paraphrase de Sainte-Colombe.

John Hill (c'est le nom que cache le pseudonyme Abraham Johnson) était un personnage assez remuant qui a occupé les badauds de la ville de Londres pendant un quart de siècle. Insinuant et ambitieux, puis insolent et vain, tour à tour frivole et sérieux, riche et pauvre, il s'est heurté à bien des choses et à bien des gens. Il a eu de grands protecteurs et il a reçu publiquement des coups de canne, il a publié des ouvrages importants par leur étendue et leur mérite et beaucoup de brochures oubliées; il a vendu longtemps un remède contre la goutte et il est mort de la goutte. Voilà en quelques mots sa biographie. Si des détails paraissent nécessaires, nous ajouterons à ce qui précède que John Hill naquit en 1716. Il fut d'abord destiné à la profession d'apothicaire, qu'il quitta pour celle de jardinier, qu'il quitta pour celle d'auteur dramatique. Ses pièces eurent peu de succès et ne produisirent d'autre effet durable que d'inspirer à Garrick de cruelles épigrammes qui nous ont été conservées. Hill abandonna le théâtre qui lui réussissait si peu et traduisit le *Traité des pierres précieuses* de Théophraste. Cela lui fit une réputation. Il continua par une *Histoire naturelle des Trois règnes de la nature* en 3 volumes in-fol., s'adjoignit des collaborateurs pour un *Supplément à l'Encyclopédie* de Chambers, qu'allait refaire Diderot, joignit à cette entreprise celle du *British magazine* et publia en même temps une feuille quotidienne de nouvelles et d'anecdotes intitulée : *l'Inspecteur*, qui fut la cause de plusieurs de ses mésaventures. Il avait équipage, il se crut fort et attaqua la *Société royale* de Londres, notamment par le livret que nous réimprimons. Cela et ses autres satires lui aliénèrent ses amis et lui firent perdre sa fortune. Il la refit en revenant à sa pharmacie et en vendant un remède qui guérissait, ou au moins devait guérir quelquefois, la goutte. Le comte de Bute, qui était goutteux, l'aida, en reconnaissance de son remède, à publier un grand ouvrage de botanique intitulé : *Système végétal*. Cet ouvrage en 26 volumes in-fol. avec 1542 planches coloriées (1756-75) lui valut du roi de Suède une décoration qui lui permit de prendre le titre de Sir. Il mourut en 1775 laissant une réputation d'esprit vif, mais un souvenir très-peu vivace[1]. Dans le très-grand nombre de ses romans, on ne cite comme ayant été traduit en français (par M. Eidous) qu'une Histoire de Lowel (1765) qui est, dit-on, une sorte d'autobiographie. Les autres, les Aventures d'une créole, la Vie de Lady Fragile, etc., ne sont plus connus, même en Angleterre. C'est assez le sort des romans, il en est peu qui surnagent[2].

[1] Il y a : An account of the life and writings of the late sir John Hill, M. D. Edimbourg, 1779.

[2] On trouve dans le Bibliographer's Manual, de Lowndes, une liste détaillée de divers ouvrages de J. Hill. Mais cette liste ne contient guère que ses publications scientifiques, du moins dans l'édition que nous avons seule pu consulter, celle de 1834. Peut-être dans l'édition nouvelle de 1857 aurions-nous trouvé d'autres renseignements, nous n'avons pu nous la procurer. Cependant, d'après une note de M. Gustave Brunet, que nous a communiquée M. Quérard, elle contiendrait un fait bien important, sur lequel nous aurions aimé à être éclairé. Il paraitrait en effet que l'opinion qui attribue la Lucina à Hill ne serait pas universelle et qu'il serait possible que le véritable auteur fût un autre écrivain, le Rév.

Ce qui a surnagé, de ces choses légères, plus encore chez nous qu'en Angleterre, c'est le pamphlet qui nous occupe spécialement. Il fut bientôt traduit, et Clément, dans ses *Années littéraires*, sous la date du 30 août 1750, l'analyse avec l'agrément qu'il mettait à expliquer ces sortes d'ouvrages à son correspondant. On attribua cette traduction à Moët, un écrivain fécond mais inconnu, mort à Versailles, au commencement du siècle (1806), à 86 ans et qui, ayant commencé par un *Code de Cythère*, assez pauvre, a fini par une traduction des rêveries de Swedenborg, imprimée après sa mort. Mais ici se présente une difficulté bibliographique que je vais essayer de discuter. Cette attribution à Moët acceptée par Brunet, comme par Quérard, qui ont suivi tous deux l'ancienne *France littéraire*, est-elle fondée ? C'est ce qu'il nous faut examiner.

D'après les auteurs que nous venons de citer, cette

Richard Coventry. Pour discuter cette assertion nous avouons manquer de temps et surtout de savoir. Nous nous bornons donc, jusqu'à plus ample informé, à conserver la paternité du livret à J. Hill. Laissons quelque chose à faire à nos neveux : cela n'est pas un si mauvais principe.

première traduction seule serait de Moët et une autre qui parut en 1786 serait de E.-G. Colombe dit de Sainte-Colombe qui aurait remanié la première et y aurait ajouté diverses choses. Cependant, si on lit avec quelque attention l'Avertissement de cette nouvelle édition, avertissement qui porte ce titre : le Mari confiant, et qu'on trouvera plus loin, on verra que l'éditeur de 1786 se donne comme ayant été déjà celui de 1750. Est-ce là une de ces supercheries que démasque avec tant de savoir et souvent de courage notre maître à tous en bibliographie, M. Quérard ? Je ne le pense pas. Je suis, au contraire, très-disposé à croire que cette revendication par de Sainte-Colombe d'une publication antérieure du livre qu'il réimprimait est fondée et ce qui jette quelque jour pour moi sur cette affaire, c'est que dès 1750, il y avait eu deux traductions françaises de l'ouvrage de Hill et que si Moët a été l'un de ces traducteurs, de Sainte-Colombe a très-bien pu être l'autre.

La Bibliothèque impériale possède, réunies dans le même volume ces deux traductions de 1750. Elles sont accompagnées d'une Notice assez étendue et qui paraît mériter toute confiance. Cette Notice, quoique il m'ait été impossible d'en connaître avec certitude l'auteur, pourrait bien être l'ouvrage même de de Sainte-Colombe. C'est, dans tous les cas, l'œuvre d'un homme qui a su très au long l'histoire des vicissitudes de l'ouvrage et qui a dû en connaître l'éditeur. Il rejette bien loin l'opinion qui donne à Moët une part dans ce travail. Il n'indique pas, il est vrai, quel aurait été l'auteur de la première traduction parue à Londres dans les derniers mois de 1749 sous la date de 1750, chez J. Wilcox, mais il n'a pas la prétention de tout savoir, il ne sait bien que ce qui regarde de Sainte-Colombe et il affirme que c'est par suite de l'insuffisance et du mauvais langage de la première traduction, que cet homme de lettres aurait entrepris la sienne, devenue le type de celle qu'il a donnée en 1786, corrigée et augmentée.

Dès lors, donc, si l'on ne veut pas écarter tout-à-fait Moët du débat, il faut le réduire à cette première version (1749-50, in-12, 48 pages) mais il faut laisser l'autre (MDCCL, in-8°, X et 57 p. avec ce nouveau sous-titre : LUCINE AFFRANCHIE DES LOIS DU CONCOURS) [1] à

[1] Nous avons vu une troisième édition sous la même

de Sainte-Colombe qui débutait alors, à vingt-cinq ans, dans une carrière qu'il a peu illustrée, mais dans laquelle il a semé, quoique avec parcimonie, d'autres ouvrages qui ne s'éloignent pas trop, pour le genre et pour les dimensions, de celui par lequel il s'essayait.

Cette édition de 1750 (je suis la Notice manuscrite dont j'ai parlé) parut avec une permission tacite à Paris avec la fausse indication : Londres. L'édition s'épuisa et malgré trois ou quatre contrefaçons tant en Suisse qu'en Hollande [1], les exemplaires atteignirent un assez haut prix dans les ventes, on les vit monter jusqu'à 15 fr.[2]. De Sainte-Colombe se résolut à en donner une nouvelle édition. Il revit son travail et le présenta à la censure afin d'en obtenir, selon l'usage, une nouvelle permission. C'était dans les premiers mois de 1786. « L'ancien titre qu'on avait conservé déplut au garde des sceaux qui refusa constamment

date, x et 72 pages. Elles ont toutes deux, pour caractère distinctif, une épigraphe tirée de Milton, au verso du titre.

1 On a de plus des traductions en allemand et en italien.

2 Encore aujourd'hui ce prix reparait pour certains exemplaires bien conservés et à grandes marges.

son attache, malgré l'approbation d'un censeur homme d'âge et sévère sur l'article des mœurs. » De Sainte-Colombe changea dès-lors ce titre compromettant en celui-ci : LA FEMME COMME ON N'EN CONNAIT POINT. Le garde des sceaux raya de nouveau l'ouvrage de la liste des permis. Un nouveau censeur plus rigoriste mais aussi honnête que le premier accueillit l'ouvrage et lui donna l'approbation la plus formelle. Cependant le garde des sceaux persistait sans alléguer aucun motif « mais, à la fin, sur les instances de personnes auxquelles il ne pouvait raisonnablement se refuser, il consentit, le 30 août, à donner une permission verbale, non registrable aux chambres syndicales, en sorte, dit notre Note, que cette minutie ne peut être annoncée dans aucun papier public, ce qui nuira nécessairement à sa circulation. »

L'ouvrage parut le 2 septembre 1786 avec tout son luxe de titres, car, en outre des précédents, il avait encore celui-ci : DE LA PRIMAUTÉ DE LA FEMME SUR L'HOMME, et ce dernier : AUTANT EN EMPORTE LE VENT. Mercier de Compiègne l'a réimprimé en 1799. Il en a reparu des exemplaires en 1802 et en 1810, avec un frontispice gravé. Ces exemplaires sont très-probablement d'anciens volumes rajeunis par un titre nouveau.

Voilà à peu près l'historique de ce petit volume dans le dernier siècle. Il est depuis redevenu peu commun, et il nous a paru mériter d'ouvrir la série de ces SINGULARITÉS PHYSIOLOGIQUES que nous commençons et qui n'auront pas, nous l'espérons du moins, d'aussi longs démêlés que lui avec le garde des sceaux.

Si, maintenant, nous ouvrons le livre et étudions l'idée qu'il défend, nous serons surpris de voir qu'il peut encore aujourd'hui avoir une valeur satirique autre que celle qui résulte des plaisanteries adressées à la Société royale de Londres, à Wollaston, à Warburton, etc. Il y a, en effet, de nos jours une secte scientifique très-nombreuse, qui professe sérieusement les doctrines de Johnson à l'égard de la dissémination dans l'air des animalcules reproducteurs de diverses espèces. Il faut, pour ne pas être taxé de trop d'exagération, dire que ces savants réduisent à un petit nombre les espèces qui ont le don d'éternité à l'état sec, et qu'ils arrêtent ce royaume d'êtres vagabonds, attendant une occasion favorable pour éclore, aux seuls infusoires, plantes et animaux, dont ils ne peuvent parvenir à comprendre la genèse. Certes, c'est un moyen facile d'expliquer cette genèse et qui ne compromet personne. On ne se brouille pas, dès lors, avec son curé, et on calme toutes les ardeurs de la recherche avec ce mot : Tout a été créé au début. Ce mot création me rappelle qu'un jour où M. Flourens, le père, le prononçait devant Cuvier, le grand savant l'arrêta en lui disant : « Jeune homme, vous vous servez là d'un mot bien peu scientifique. » M. Flourens, qui tire d'expériences très-matérialistes des conclusions très-spiritualistes, ne se rappelle probablement ce mot-là que rarement. Il a tort. Quant à ceux qui, comme lui, répondent qu'il ne naît pas un être sans parents de son espèce, et qui sont forcés, pour soutenir cette thèse, de peupler, bien mieux, de saturer l'air de germes voyageurs, ils deviennent les justiciables de ce petit ouvrage.

Il ne fait, en effet, que pousser à l'extrême les conséquences de leur raisonnement, et c'est le vrai moyen de juger de la valeur d'un raisonnement que de ne pas laisser dans l'ombre et le vague ses derniers résultats. En quoi serait-il singulier de trouver dans l'air des embryons humains si l'on y trouve des embryons de kolpodes et de vorticelles? Les uns ne sont guère plus compliqués que les autres, et, s'ils sont plus délicats, c'est tout simplement affaire de circonstances et de milieux à rencontrer. Je ne veux pas dire ici, à l'avance, ce que diront plus loin et Johnson et de Sainte-Colombe, mais j'appuie fortement avec eux sur ce point que, pour des gens assurés que des molécules organiques, ou plutôt des animalcules, peuvent vivre étant morts, ou conserver après une mort réelle, mais qualifiée d'apparente pour les besoins de la cause, la faculté de revenir à la vie, l'impossibilité de continuation de vie ou de résurrection n'existe pas plus pour les uns que pour les autres de ces germes, et l'homme n'a pas le droit de se croire exempt de la singulière et inaccoutumée génération qui va être étudiée.

Un savant, très-savant, me dira sans doute que je déplace la question. Je ne le nie pas. Et justement, ce que je reproche aux savants officiels qui se sont occupés de cette grosse affaire de la génération spontanée, qui vient, malgré moi, prendre sa place dans cette notice, c'est de n'avoir pas su, quand il le fallait, déplacer la question. C'est d'avoir voulu, malgré Minerve, ne pas sortir de leurs spéculations métaphysiques. Jurer par la Bible en cette occurrence vaut ce que vaut maintenant dans la plupart des cas le serment par Aristote. La docte cabale de l'un et de l'autre camp est trop sujette à ne pas voir les choses telles qu'elles sont et souvent à ne pas les voir. Cela serait déjà mal ; ce qui est pis, et ce qui est, c'est, lorsqu'on voit, de cacher ce qu'on voit, sous le prétexte que les profanes en tireraient des conclusions hasardées et en désaccord avec les sains principes de morale et de religion publiques.

Et cependant ce qui est, est. Les boisseaux ne font pas que la lumière ne soit pas, et ils ne sont jamais si hermétiquement clos qu'elle ne filtre à travers les joints, et qu'on ne la soupçonne là où elle est cachée. C'est ce filet d'une lumière éclatante, cachée jusqu'ici sous tous les boisseaux dont pouvait disposer la religion et qu'emploie maintenant la science officielle, que nous fait entrevoir la question des générations spontanées. Elle devrait être, dans l'état actuel des sciences, résolue à priori ; elle n'est douteuse que pour ceux qui sont plus catholiques que saint Augustin ou saint Thomas, et aussi spiritualistes que ce drôle de spiritualiste qui a nom Voltaire.

A priori, en effet, et sans mêler à cette causerie, un peu à bâtons rompus, soit des plaisanteries qu'on ne manquerait pas de trouver de mauvais goût, soit des choses graves et des noms honorables qu'on aurait, je le sais, la pudeur de trouver en mauvaise compagnie ici, n'est-il pas de toute évidence que le système des panspermistes doit, en fin de compte, aboutir à celui de l'*emboîtement des germes*, et à l'affirmation qu'à un jour donné, tous ceux nés ou à naître sont sortis de l'action d'une volonté agissant sur le néant. On ne niera pas que ceux-là au moins soient nés sans parents. Mais la difficulté reparaît dès la génération suivante. D'où viennent ces seconds germes? Les premiers existent, comment ont-ils produit les seconds? Je sais bien qu'on invoquera ici une certaine *faculté reproductive* dans le genre de la *vertu dormitive* de l'opium. Ce n'est pas répondre. Ou ces seconds germes existaient dans les premiers, ou ils peuvent se former de matériaux différents. Qu'il faille comme laboratoire à ces matériaux, pour prendre une certaine forme, un être de même forme, c'est certainement la condition la plus favorable. S'ensuit-il qu'elle soit la seule? Un être doué de vie travaillera plus probablement suivant son propre modèle que suivant tout autre, mais il n'en est pas moins vrai que s'il n'a pas en lui, tout fait, ce germe qu'il va mettre au jour, il le fera avec ce qu'il aura sous la main, si l'on peut ainsi parler, avec la matière plastique que cette force multiple qui est la vie, modifie suivant ses exigences les plus variées. Est-il donc obligatoire de penser que cette force existe seulement dans la matière vivante? Ne peut-elle exister dans la matière ayant eu vie? Et est-ce autre chose que ce que disent les hétérogénistes? Est-il même interdit de croire que toute la matière peut, à un moment donné, devenir sujette de la vie? Et est-ce autre chose que ce que combattent les panspermistes?

Il me resterait, si je voulais discuter un peu plus complètement ce point de doctrine, à amasser quelques raisons pour démontrer l'impuissance et la non-valeur de la théorie de l'emboîtement des germes. Il me semble qu'elle a subi depuis longtemps le sort qu'elle méritait. Personne ne la défend plus. Malpighi, Swammerdam, Bonnet, Haller, Spallanzani, étaient, certes, de bons observateurs, mais cela ne suffit pas. Ils ont fait de curieuses expériences,

2

cela ne suffit pas encore. Ils appartenaient à cette race de savants, dont je parlais tout à l'heure, qui voient Moïse au commencement de toutes les sciences et qui, s'en tenant à la lettre, laissent fuir l'esprit. Et cependant, de combien peu l'erreur s'éloigne de la vérité! Combien peu loin il y a de cette croyance en des germes de plus en plus petits, contenus les uns dans les autres à celle-ci : la molécule, l'atôme de matière est un germe; toute partie infiniment divisée de la matière est propre à entrer dans le circulus vital sous une forme infiniment variable. Il n'y a pas création : il n'y a que métamorphoses!

Mais je ne puis ni ne veux m'appesantir plus longtemps sur ce sujet qui a des défenseurs bien mieux armés que moi. Je laisse à M. Pouchet et à ses collaborateurs le grand rôle d'expérimentateurs et de démonstrateurs, et je me borne à cette simple escarmouche, d'autant plus qu'il est temps de dire quelques mots de Buffon qu'on a considéré, jusqu'ici, comme ayant été surtout le point de mire des traits lancés par l'auteur de la LUCINA.

Nous croyons que Buffon a été un peu légèrement

mis en cause. Il l'a été surtout dans les éditions françaises, et c'est l'œuvre de de Sainte-Colombe. Mais ce n'est pas parce qu'il a pu avoir, sur les germes, les idées que ridiculise Johnson ; c'est parce qu'il a cru, comme bien des savants le croyaient à son époque, que la fécondation avait besoin pour se produire du mélange des deux semences de l'homme et de la femme. On sait maintenant que la femme n'apporte point à la génération un concours aussi actif, et qu'elle se borne à livrer à l'excitation de l'animalcule spermatique un ovule qui se forme spontanément chez elle. Mais au temps de Buffon, les idées de Venette étaient encore prédominantes, c'est-à-dire, en grande partie, les idées d'Aristote. Il en résultait qu'on croyait à la possibilité pour la femme, non pas de produire seule un être complet, mais de produire dans certains cas un être quelconque, une masse de chair, un môle. C'est là à peu près tout ce qui, dans Buffon, a pu prêter le flanc à la critique, et il nous paraît qu'elle s'est assez égayée à ce sujet, sans que nous soyons obligé de continuer la plaisanterie.

Laissons donc Buffon, laissons Maupertuis, qui aurait pu prendre aussi sa part de la critique, et voyons s'il n'y a pas encore quelques autres justiciables de Johnson soit parmi nos ancêtres, soit parmi nos contemporains? Hélas! oui, il y en a encore d'autres. Ceux-là, il faudrait peut-être, pour ajouter encore au plaisant de cet ouvrage, citer leurs opinions comme pièces justificatives. Nous avons longtemps hésité et nous ne le ferons pas. Nous nous bornerons à signaler aux amis du fou-rire leurs œuvres, dites sérieuses, tout en leur faisant bien observer qu'elles ne contiennent rien de nouveau, et que si le soleil voit un jour sur notre terre quelque chose de vraiment nouveau, ce sera le règne absolu du bon sens.

Rien ne se perd des anciennes idées, bonnes ou mauvaises, saines ou malades, toutes durent, et c'est à croire à une éternelle stagnation de l'humanité. Les sorcières de Thessalie n'ont pas abdiqué, elles ont seulement changé de nom. Apollonius de Tyane continue ses prophéties et ses miracles, et ceux qui ont l'habitude de croire aux miracles croient à ceux d'Apollonius. Tout un peuple se presse à ces conciliabules où l'on abdique tout droit d'enquête et où, pour être admis à juger, il faut croire, c'est-à-dire avoir jugé d'avance. Sur ce peuple soumis règne un sénat d'hommes en bonnet pointu et en robe à flammes rouges, qui ont tout droit de prendre ici leur place :

Ce sont les magiciens!

Réfugiés sur les hauteurs, ils y font descendre, quand ils le veulent, les bons et les mauvais esprits. Non-seulement ils appellent les morts, mais il est certain qu'ils peuvent, à leur commandement, faire naître des vivants. Spirites, magnétiseurs, voilà les noms sous lesquels ils se déguisent. Ce sont d'aussi grands magiciens que l'enchanteur Merlin, fils d'une vierge, et d'aussi abominables hérésiarques que Luther, fils du diable. Ils ont le diable à leur service, et rien n'est si facile au diable que de transporter dans le sein de la femme coupable qu'il a su séduire le germe qu'il a dérobé ici ou là. Nous sommes sous la domination de cette race impie de médiums qui ne sont que les instruments de Satan, et l'heure est proche où, grâce à leurs œuvres de ténèbres, une race nouvelle apparaîtra sur la terre.

Cette race ce sera celle née des accouplements immondes des femmes insensées qui auront commerce avec les *incubes*[1]. L'incube, paraît-il, n'a jamais été aussi fréquent que de nos jours, quoiqu'il ait toujours été très-fréquent. L'incube et le vampire, ces deux frères, sont les deux plus grands ennemis de notre humanité, et ils préparent tout doucement les voies à l'avénement de l'Antéchrist.

Voilà ce qu'il faut croire, et il faut le croire non-seulement parce que Sprenger, parce que Del Rio, parce que Bodin, parce que De Lancre l'ont écrit, mais

[1] L'*incube* ou *éphialte* est le démon se présentant sous forme mâle, le *succube* ou *hyphialte* est le démon sous forme femelle. La médecine range aujourd'hui les visions de ces deux genres sous le titre catégorique de *cauchemar*. Cela ne fait pas l'affaire des gens pleins de foi. Il n'est malheureusement plus l'heure de discuter leurs assertions avec le sérieux qu'ils désireraient, mais comme leurs idées sont vieilles, ils ont trouvé en leur temps bien des réfutateurs aussi pleins de gravité qu'eux-mêmes. Parmi ces bons livres des siècles passés, destinés à servir d'antidote aux rêves mystiques de tous les siècles, nous signalerons seulement celui de Balthasar Bekker : le *Monde enchanté*, entre beaucoup d'autres.

surtout parce qu'il faut croire au diable. C'est le mot de passe, le schibboleth. Vous croyez au diable, il faut être conséquent : croyez aux incubes, croyez aux succubes, croyez aux vampires, croyez aux sorciers, aux loups-garous, aux lutins, aux farfadets, aux sorts, au nouement de l'aiguillette, etc., etc. Votre raison vous l'ordonne, puisque c'est votre foi qui l'éclaire et doit la conduire.

Mais quel avenir nous prépare une pareille ingérence de Satan dans nos affaires! Il ne faut pas, pour nous rassurer, regarder ce qu'a produit cette ingérence dans le passé. Cela n'a rien été, un essai du Malin seulement. Maintenant, il va d'un pied assuré, et c'est l'avenir surtout qu'il faut craindre!

Pleurez sur cet avenir, grandes et bonnes âmes des défenseurs des saints canons, descendants et chevaliers des exorcistes, ennemis farouches des sorciers, ô de Mirville, ô Bizouard, ô Goguenot des Mousseaux, l'avant-garde et aussi l'arrière-garde ! Continuez à condenser en des livres bien gros et bien appuyés d'autorités, les belles choses que nous ont transmis les siècles, avant et depuis la confession, sur ces sujets scabreux. Quant à moi, je ne regrette qu'une chose : c'est de ne pouvoir, à peine de grossir démesurément cet opuscule, ajouter toutes vos preuves à celles déjà ramassées par Johnson pour faire de cette bagatelle une œuvre d'érudition, comme elle est déjà une œuvre d'esprit. Cette union ferait de cette édition nouvelle le plus beau livre qu'ait jamais lu le monde étonné.

Mais ce serait vous dérober une part de votre gloire, et je veux vous la laisser tout entière. Combattez Satan, combattez-le ferme ! Consolez ces pauvres femmes qui se rappellent en des rêves érotiques les erreurs de leur jeunesse, et viennent se plaindre à leur directeur des obsessions du malin esprit ! Détrompez ces pauvres maris qui ne veulent pas croire aux incubes, parce qu'ils n'ont jamais pu obtenir de faveurs des succubes ! Épaississez ces nuages déjà si épais qui s'interposent entre l'esprit de l'homme et la vérité, et quand vous aurez réussi à réunir autour de votre bannière une armée bien compacte, regardez-la avec amour, électrisez-la par de beaux mandements, et conduisez-la aux Petites-Maisons. C'est un siége qu'elle sera apte à faire, et où elle pourra conquérir ses quartiers d'hiver et se reposer sur ses lauriers.

Je crois qu'il est temps de finir sur ce sujet, et de laisser la place à ceux que j'ai seulement charge d'introduire. Je ne dirai plus qu'un mot, au sujet de l'opuscule qui suit celui de Johnson dans la plupart des éditions et que nous avons reproduit dans celle-ci pour nous conformer à l'usage? Cet opuscule parut presque immédiatement après la LUCINA sous la même forme de lettre. Il fut traduit aussi immédiatement. L'auteur de l'ouvrage original ne paraît pas avoir été connu. Le nom de Richard Roë est une énigme que nous ne pouvons, non plus que bien d'autres, deviner. Cependant, si nous en croyons la Note que nous avons citée à propos du premier de ces deux ouvrages, il y aurait au moins une rectification à faire, quant au nom du traducteur. Les dictionnaires font hommage de cette traduction à De Combes. Or, De Combes ne s'en est pas vanté et, de plus, il n'a jamais donné de preuves d'une tournure d'esprit à ce point satirique. Ce qui a pu porter les idées sur lui, c'est qu'il a traduit quelques ouvrages anglais; mais il y a loin d'une Vie de Socrate au Concubitus sine Lucina. Or, c'est là le fond du bagage de De Combes, avec des Vies d'Épicure, de Platon et de Pythagore, et surtout, ce qui a été la grande préoccupation de toute sa vie, des ouvrages de jardinage qui ont eu d'assez nombreuses éditions. Son Ecole du jardin potager s'est réimprimée, pour la sixième fois, en 1822. Elle est précédée d'une Notice biographique sur l'auteur. Il y a d'autres détails sur lui émanant de lui-même dans un Traité de la culture des pêchers, qui a été édité trois fois. Il n'y est pas davantage question de l'ouvrage qu'on lui attribue. Tout cela nous pousse à croire, comme nous le disions, que ce n'est pas lui le traducteur de Richard Roë, et que ce traducteur est, très-probablement, ainsi que nous l'enseigne notre Note, M. de Querlon.

Ce n'est pas de celui-là qu'on pourra dire qu'il était incapable de faire une pareille plaisanterie ! Si elle est dans la gamme de quelqu'un des contemporains, c'est assurément dans celle de Meusnier de Querlon, qui lui a donné depuis bien des pendants !

Si nous osions, nous irions même plus loin, et nous dirions qu'il est bien possible que de Querlon ait été plus qu'un simple traducteur. Dans tous les cas, il y a dans sa traduction une vie et un mouvement qui sentent l'originalité, et une tournure cavalière toute francaise.

Il n'est pas empêtré comme l'est trop souvent de Sainte-Colombe dans les filets qui l'attachent à son modèle, et sans baguenauder en chemin, il va droit à son but.

Mais il serait long, difficile et, pour beaucoup de lecteurs, oiseux de discuter ces questions d'attribution, nous nous contenterons donc de donner l'ouvrage, en disant simplement que c'est une critique des recherches de M. de Réaumur sur l'éclosion des œufs au moyen de fours, à l'instar des anciens Égyptiens, et que, par conséquent, c'est une satire peu méritée, puisque les fours ont fait leurs preuves.

Mais c'est pour celui-là surtout de ces deux ouvrages, que nous prions le lecteur d'écarter toute idée préconçue, et de se bien rappeler qu'il a affaire à un simple badinage.

J. A.

ADRESSE GENERALE [1]

Cur ego desperem fieri, sine conjuge, mater,
Et parere intacto, dummodo casta, viro [2]?
OVIDE, *Fastes*, liv. V, v. 241.

LE PETIT OUVRAGE *que nous offrons ici n'est que le développement de ce distique, d'où l'on doit juger que l'idée n'est pas nouvelle, ayant été entrevue par les anciens philosophes et si bien connue au siècle d'Au-*

[1] De l'éditeur de 1786.

[2] Plaintes de Junon à Flore. Après la naissance, sans mère, de Minerve, Junon obtint de Flore d'engendrer Mars, sans père, par le seul attouchement d'une fleur.

guste, que Virgile l'a consignée dans ses Géorgiques, et qu'Ovide s'est recrié sur sa possibilité!

O vous, esprits lourds, cerveaux épais, censeurs atrabilaires, faux dévôts, gens durs et rigoristes, qui voyez tout en noir, et qui jugez toujours le crime où les autres ne trouvent qu'un léger badinage, je n'écris point pour vous!

Ames timorées et scrupuleuses, qui, sans lire un seul mot, jugez un ouvrage sur sa simple couverture, le titre seul de celui-ci vous révoltera[1]*. Vous crierez haro sur l'auteur, sans même savoir si vos inculpations sont vraisemblables. Je le répète, ce n'est point pour vous que je consens à le publier.*

Laissez cette bagatelle à la classe pour laquelle elle est composée, à qui elle appar-

[1] Voir l'Introduction.

tient de plein droit, et à qui je me fais un devoir de la présenter. Si cette belle portion de notre être est par vous taxée de folie et de légèreté, on préfère avec raison sa frivolité à votre trop cruel et injuste rigorisme.

Néanmoins, avant de rejeter totalement ce badinage, souffrez que je vous proteste ici de toute l'honnêteté de mes vues. Jamais je ne trempai ma plume dans une encre impie, irréligieuse, ordurière ou capable de blesser des yeux chastes et pudiques.

Loin que cet écrit puisse alarmer les mœurs, son but est de concourir à leur réformation par un emblême à portée de tout le monde. Les gens sages et raisonnables n'y verront qu'un sarcasme contre les vices qui nous dégradent et une ironie perpétuelle des abus que nous avons consacrés et qui, en nous efféminant, nous font dé-

roger à la vertu et à la vraie valeur de nos ancêtres.

Et vous, mères honnêtes et estimables, loin d'écouter des dires en l'air et controuvés, lisez sans défiance ; vous aurez l'agrément de voir par vous-mêmes que cette bagatelle est faite autant à l'appui des bonnes mœurs que pour vous amuser.

Et quant à ceux qui se retrancheront toujours dans leurs idées pédagogiques, je ne souhaite contre eux d'autre vengeance que d'être tellement en butte aux tourments de la jalousie, que d'en perdre leur repos, sans trouver aucune consolation, ne fût-ce que par la lecture de ce badinage.

LE MARI CONFIANT

PRÉSERVATIF OU REMÈDE CONTRE LA JALOUSIE

AVEUX INTÉRESSANTS DU PREMIER ÉDITEUR [1]

Il y avait au juste quatorze mois et dix-sept jours que j'étais à Londres, pour affaire de mon commerce, sans en être jamais sorti que pour me promener à Greenwich ou à Chelsea, lorsque, par une lettre de Bordeaux, datée du 20 mars, j'appris que ma chère épouse était heureusement accouchée d'un gros garçon qui

[1] Ces *Aveux* sont, comme nous l'avons expliqué dans l'Introduction, pour ainsi dire la prise de possession de l'ouvrage par de Sainte-Colombe, et sa marque de fabrique.

promettait bien de vivre. Cet événement qui, en France, m'eût comblé de joie, d'autant que la fécondité de ma femme (dont Dieu soit loué!) ne m'avait encore procuré que des filles (j'en ai cinq vivantes et il m'en est mort deux); cet événement, dis-je, qui m'eût dû causer toute la satisfaction possible, fut pour moi un vrai coup de poignard. Je suis naturellement gai, point bilieux, et par conséquent d'une complexion fort éloignée de la jalousie. Je puis même dire, avec vérité, que jusqu'à cette annonce, je n'avais jamais pu comprendre comment on pouvait être attaqué de cette maladie, et je l'ignorerais sans doute encore, sans les maudits compliments qui me vinrent de toutes parts sur le nouvel héritier dont la Providence me gratifiait si bénignement. Je fus donc accablé de cette nouvelle; le poison de la jalousie coula dans mes veines et j'en éprouvai toutes les horreurs.

Je cherchai à terminer le plus tôt possible ce

qui me retenait encore à Londres pour pouvoir aller assouvir ma vengeance. J'en formais mille projets vagues, et ces idées seules pouvaient apporter quelques adoucissements momentanés à la cruauté de mes peines. Enfin j'étais consumé par une fièvre ardente où l'amour, le dépit et la haine, en se combattant, faisaient succéder dans mon âme leurs feux, leurs tempêtes et quelquefois, comme tour à tour, leurs frissons et leurs glaces. A peine sortais-je de ma chambre : il me semblait que tout le monde était informé de ma honte, que chacun se riait de ma peine et me montrait au doigt. Quel plus cruel tourment que de se sentir la fable et la risée de ce même public, dont on cherche toujours à capter le suffrage par une conduite noble et exempte de reproche !

J'avais déjà passé huit jours en cet état de perplexité et de désespoir, sans me montrer dans les cafés ni dans les tavernes, ni dans les jardins publics, ni même à la Bourse, lorsqu'un matin qu'une affaire indispensable m'y appelait, je voulus prendre une tasse de punch (je n'en avais point fait usage depuis la fatale lettre de Bordeaux); j'entrai au hasard dans un de ces scientifiques cafés où se débitent les papers et les autres nouveautés de Londres. Un garçon me présenta un pamflet dont le titre piqua ma curiosité; je donnai mon scheling, et je mis l'écrit dans ma poche.

Retiré dans ma chambre après le dîner, je me ressouvins de la brochure : c'était la LUCINE de Johnson. Je me mis à en couper les feuillets et à en commencer la lecture; je l'eus bientôt dévorée. Au même instant je me sentis un peu soulagé ; peu à peu ma tête ne se trouva plus aussi bourrelée; mon esprit devint plus calme; mon sang fut comme rafraîchi; je dormis trois heures la nuit suivante (je n'avais pas fermé l'œil depuis quinzaine).

A mon réveil, je repris l'écrit de mon grand médecin, cet heureux baume qui avait réussi à me procurer ma première tranquillité. L'ayant relu de nouveau avec toute l'attention dont j'étais susceptible, je fus presque aussitôt convaincu de la réalité d'une découverte aussi intéressante pour l'humanité, et à laquelle il m'importait tant d'applaudir.

C'était assurément bien malgré moi que j'avais soupçonné la vertu de ma digne épouse, et il avait fallu une circonstance aussi grave, et où toutes les apparences étaient contre elle, comme étaient une séparation de près de quinze mois et un éloignement de trois cents lieues, pour avoir pu élever dans mon esprit le plus léger doute contre la conduite de ma femme.

Voilà donc les heureux fruits que je sus tirer de la lecture de Johnson. Le calme succéda tout à coup aux troubles et aux orages de mon cœur; aussi j'eus bientôt recouvré toute la liberté d'esprit nécessaire pour mettre tranquillement fin à mes affaires et me disposer à repasser en France. Je profitai du premier bâtiment qui se trouva chargé pour Bordeaux et je m'y embarquai avec mon livre consolateur.

Je fus reçu chez moi comme un bon mari doit l'être après une longue absence. Je ne voulus point troubler la joie domestique, et j'affectai le maintien le plus débonnaire, au point que je fis naître la sérénité sur tous les visages. Cependant, malgré mes réflexions sur la découverte anglaise, le nouveau né me tracassait fort, et je me résolus d'en avoir le cœur net par une explication ferme et sérieuse entre ma femme et moi.

Ce fut le matin du lendemain de mon arrivée que se passa cette conférence, que je redoutais, s'il se peut, encore plus que mon épouse. Elle ne me répondit d'abord que par un torrent de larmes ; je m'endurcis, et j'exigeai d'elle l'aveu d'une faute dont je voulais bien d'avance l'assurer du pardon. Elle protesta constamment de son innocence, et m'avoua seulement qu'un jour un armateur nantais lui ayant donné, ainsi qu'à plusieurs autres dames, une fête sur son bord, le bâtiment était un peu écarté en mer pour les promener à la fraîcheur le long de la rade; qu'elle s'était sentie indisposée, et qu'on l'avait fait passer avec sa sœur dans la chambre du capitaine pour s'y reposer; qu'à son réveil elle avait rejoint la compagnie, plus fraîche et mieux portante; qu'elle n'avait pas été un instant seule; et que cependant ce jour-là même était l'époque décidée d'un événement auquel elle ne comprenait rien.

Plein de mon auteur et dès lors plus tranquille, je le lui témoignai par un œil plus doux et un air où ne régnait plus aucune agitation; mais j'insistai pour qu'elle m'expliquât les plus petites circonstances de cette étrange promenade. Je voulus savoir jusqu'au rhumb du vent qui régnait alors, quel degré de chaud ou de froid elle avait senti; enfin quelles sensations le contact de l'air lui avait fait éprouver. Les plus petits détails, loin de me paraître minutieux, me devenaient de moments en moments des plus intéressants ; en sorte qu'il n'y eut sortes de questions que je ne lui fis. Elle me répondait à toutes avec la plus grande ingénuité, et comme une personne nullement au fait des particularités physiques que je lui demandais. Néanmoins, en résumé de ses réponses et par l'idée que j'en pus prendre sur les dispositions du ciel en ce jour, vraiment particulier pour moi, je crus, ou pour mieux dire j'aimai à me persuader, que les vents avaient été pour lors au sud-ouest[1]; d'où je conjecturai que l'air au dessus de la mer étant ce jour-là dûment imprégné des molécules organiques si bien décrites par notre Pline moderne[2], ma

[1] C'est le zéphyr (vent d'Ouest) qui, d'après Virgile, féconde les cavales.

[2] De Sainte-Colombe substitue ici et dans la suite les molécules organiques de Buffon aux animal-

femme en avait d'autant plus abondamment respiré qu'elle s'était trouvée dans un état d'anéantissement bien propre au relâchement des organes, et qu'ainsi il était très naturel qu'elle fût devenue mère sans s'en être aucunement aperçue.

Je dus tout mon repos à cet éclaircissement, à la suite duquel je lui fis le plus d'amitiés possible, de manière à lui faire oublier même que j'eusse eu quelques motifs de douter de son attachement pour moi. Aussi ne saurait-on être vraiment plus tranquille que je le suis depuis cette explication sur son compte ; en sorte que, sur le point où je me trouve de partir pour les Grandes-Indes, j'attendrai paisiblement et sans la moindre inquiétude tous les présents de cette nature qu'il pourra plaire au ciel de m'envoyer ; mais cependant avec grand soin

cules de l'auteur anglais. Nous ne signalons ce fait que pour faire remarquer que la mise en cause de Buffon, lui appartient tout entière.

d'engager ma femme, crainte de trop augmenter ma famille, de se défier de ces promenades au trop grand air, surtout lorsque le vent se trouve constamment dans la direction qui, cette fois, a été, contre son gré, si fatale à ma tranquillité.

Ami lecteur, telle est au vrai mon histoire; tel est le remède que j'ai eu le bonheur d'y employer. Je me fais un devoir de vous l'offrir; puisse-t-il en pareil cas vous tranquilliser. Dans cette vue j'ai cru devoir, en bon citoyen, traduire et publier dans ma patrie l'écrit d'Abraham Johnson. En vous éclairant sur une vérité physique inconnue jusqu'à nos jours, elle opérera sans doute, comme elle l'a fait à mon égard, et dès lors elle deviendra la tranquillité des maris et la consolation des pères de famille. Que de ménages en dissension, que d'époux en divorce, que de jaloux avant comme après le mariage, verront naître parmi eux la concorde, la confiance et l'estime réciproques! Que d'innocentes persécutées, sacrifiées, méprisées, vont imposer silence aux brocards et aux calomnies!

Une femme éloignée de son mari le fait-elle jouir des droits de la paternité? A examiner les choses de près, on verra que c'est le fruit de quelque promenade au grand air, par terre ou par eau. Cette femme se sera trouvée enveloppée, saisie par quelque courant d'air, et les molécules organiques dont il était chargé et qui y circulaient abondamment, n'attendaient qu'un souffle, une aspiration, un petit rhumb de vent particulier, pour aller se loger chez elle, et s'y développer à son insu, et sans qu'il y ait pu avoir le moindre concours de sa volonté.

Une veuve a des enfants dont la calomnie se plaît à nous nommer les pères; pourquoi les chercher si loin? Pourquoi inculper la conduite réservée de cette dame? Elle aura pris l'air, et les molécules organiques qu'il charriait en cet instant se seront glissées de ce fluide dans le sein de notre veuve.

Une fille deviendra mère avant l'hyménée; pourquoi la taxer de quelque faiblesse? Il n'y a rien de plus simple et mieux dans la nature: son état n'est dû qu'à l'air qu'elle aura respiré.

Eh! pourquoi en effet l'espèce humaine serait-elle de pire condition que ces vils insectes qui, selon les meilleurs naturalistes, se multiplient sans accouplement? S'il est des graines de pucerons, si l'air où elles circulent les voit éclore et périr peu après leur naissance; si ces légions ailées se succèdent presque chaque jour, sans qu'on leur connaisse d'autre origine que ce grand véhicule où elles sont ballottées, entraînées et sans cesse en action, pourquoi n'y aurait-il point aussi dans ce même air des graines de toutes espèces d'animaux? Et, pour mieux particulariser le problème, pourquoi n'y aurait-il pas dans ce fluide de petits atômes propres à la reproduction de notre espèce, et qui n'attendent qu'un certain courant d'air pour aller se loger dans l'espace propre à leur développement et à leur organisation, sans d'ailleurs rien déranger dans la marche la plus apparente de la nature ?

Enfin n'a-t-on pas découvert des animaux qui, comme certaines plantes, viennent de boutures? Tel est le polype d'eau douce, dont chaque partie séparée du tronc se reproduit bientôt, prend forme, s'anime et devient à nos yeux un être complet, exactement semblable à celui auquel il était uni. Qui donc peut savoir tous les moyens que la Providence peut employer pour la multiplication de notre espèce?

En Perse, les femmes stériles croient fermement qu'il leur suffit, pour devenir fécondes, de passer sous le corps d'un homme mort depuis peu de temps, et que les esprits animaux et volatils qui émanent de ce corps inanimé influent tellement, même de très-loin, sur elles, qu'ils ont la vertu de les revivifier et de les mettre en état de devenir mères. Quelle sorte de raisonnement pourrait infirmer cette opinion, ou plutôt que pourrait-on opposer à l'expérience accréditée en ce pays?

D'autres encore recherchent constamment les canaux des eaux qui s'écoulent des bains particuliers à l'autre sexe, et elles attendent pour les traverser à plusieurs reprises qu'il y ait un grand nombre d'hommes [1]. Alors elles s'empressent de remonter plusieurs fois ces eaux à l'endroit le plus proche de leur sortie ; et Tavernier, célèbre voyageur et témoin oculaire de ces faits, prétend que rarement la stérilité tient contre cette singulière expérience.

[1] Aristote, dans ses *Problèmes*, rapporte qu'une femme fut fécondée pour s'être baignée dans une cuve d'où venait de sortir un homme. Albert le Grand, *De secretis mulierum* ne met pas en doute la réalité du fait et il l'explique. D'autres auteurs plus modernes sont moins persuadés, mais n'osent cependant en nier tout-à-fait la possibilité. Aristote! Albert-le-Grand! renforts auxquels notre auteur n'avait pas pensé!

Or, si les corpuscules qui émanent en ces cas des mâles vifs ou morts, ont la vertu de produire des effets aussi merveilleux, les germes aériens, les atômes organiques une fois supposés en action dans le vague des airs, leur réaction dans le sein des femmes n'est pas plus difficile à comprendre. Ainsi la fécondité sans copulation ou la génération solitaire, loin d'être un pur amusement ou une chimère philosophique et une rêverie de simple combinaison, est la découverte la plus utile et la plus importante comme la plus sérieuse dont notre siècle puisse et doive s'honorer.

Quant à moi, déterminé que je suis à faire participer mes concitoyens au bonheur que m'a procuré la lecture réfléchie de l'ouvrage de Johnson, et pour rendre compte de ce qui me concerne spécialement dans cette merveilleuse découverte, je n'ai que mon simple travail à y revendiquer, et encore se réduit-il à bien peu de chose, ne devant prendre sur moi que la seule traduction de ce charmant ouvrage. Au reste, j'ai pris à tâche de rendre le plus fidèlement possible le texte de mon divin auteur, laissant même subsister quelques anglicismes, qu'un écrivain plus difficile ou plus au fait que moi du génie des deux langues, n'eût peut-être pas conservés. D'ailleurs j'ai ajouté quelques notes à celles de l'auteur, plus parce qu'elles m'ont paru nécessaires pour le commun des lecteurs, que pour me parer d'une érudition que j'ai abjurée par état.

L'arrêt du Parlement de Grenoble, couché tout au long à la fin de l'ouvrage, est une pièce authentique devenue très-rare; elle est tirée du cabinet d'un curieux qui en conserve précieusement la minute et qui ayant bien voulu me la communiquer, me permit d'en faire emploi lors de la première édition de cette traduction, en 1750, et j'estime qu'on me saura gré de ne l'avoir pas omise dans cette seconde; d'ailleurs cette pièce est indiquée dans la Pratique de Ferrière, d'où l'on doit juger, d'après l'attache de cet auteur, que ce n'est point un être de raison.

Enfin, dans la première édition, j'avais laissé subsister le titre latin de l'ouvrage, tel qu'il se voyait sans aucune traduction dans l'original anglais. J'avais même cherché à en rendre en français toute l'énergie. Mais aujourd'hui, d'après diverses invitations de gens sages et estimables, et d'ailleurs pour moins alarmer les âmes les plus timorées et les plus scrupuleuses [1] qui ne veulent plus ouvrir un livre qui leur aura déplu dans le titre, je me suis rendu à cette faiblesse en réformant l'inscription saillante et vraiment caractéristique que j'avais d'abord adoptée. Toutefois on n'en reconnaîtra pas moins l'analogie ou plutôt la conformité

[1] Voilà pour le garde des sceaux. Il nous paraît bien difficile après la lecture de ces derniers paragraphes de diviser la paternité des deux éditions de 1750 et de 1786 entre Moët et de Sainte-Colombe.

de l'édition actuelle avec les précédentes, quelque refonte que nous ayons faite au système général. Au surplus, libre à nos lecteurs de supprimer totalement notre nouveau titre et d'y substituer l'ancien ou plutôt cette expression familière et proverbiale : *Autant en emporte le vent*, ou toute autre qu'il leur plaira.

LUCINA SINE CONCUBITU

LETTRE *adressée à Messieurs de la Société royale de Londres, dans laquelle on démontre que la femme est un être plus parfait que l'homme et bien supérieur à lui, quant à la reproduction de notre espèce.*

MESSIEURS,

Le zèle ardent qui vous a toujours animés à faire tant de nouvelles et savantes découvertes, et les encouragements multipliés que vous ne cessez de prodiguer à ceux qui marchent sur vos traces et qui vous aident dans vos excellentes recherches, (ce dont ces excellents mémoires que vous publiez chaque année dans vos célèbres Transactions philosophiques sont une preuve sans réplique), m'enhardissent à vous offrir une découverte extraordinaire, qui m'est tellement personnelle, que qui que ce soit n'oserait sûrement me la contester; elle joint d'ailleurs au mérite essentiel de la nouveauté, l'avantage d'être en même temps la plus intéressante pour toutes les sociétés les mieux policées; aussi ne pourra-t-on certainement pas lui refuser la palme sur toutes les connaissances dont le monde a été enrichi, depuis que la Philosophie est universellement reconnue comme une des premières sciences et comme celle qui fait le plus d'honneur à l'humanité.

Cependant, MESSIEURS, ne m'accusez point de trop de présomption sur ce que je dis ici à mon avantage; mais suspendez votre censure jusqu'à ce que je vous aie mis au courant de ma découverte, par le détail que je me propose de vous en faire, Si j'ai eu le bonheur de la conduire à son entière perfection, c'est par le travail le plus constant et le plus assidu. En effet, il m'en a coûté plus de quinze ans d'une vie très-laborieuse pour porter ce grand œuvre à sa maturité, et lorsque la théorie la plus éclairée eut concouru avec la pratique pour m'en confirmer la certitude, ma première idée fut de passer en France, à l'effet d'offrir à l'Académie royale des Sciences les résultats de mes opérations, ou du moins de me mettre sur les rangs pour concourir aux prix de l'Académie de Bordeaux. En effet, c'est dans ces lycées que les philosophes s'empressent davantage d'entrer en concours les uns contre les autres, en y présentant autant de nouveaux problèmes que les fleuristes les plus en renom, et qui cherchent naturellement à se surpasser, s'étudient le jour de leur fête à étaler un plus grand nombre de nuances dans leurs œillets ou leurs tulipes, aux yeux des amateurs, pour faire mieux juger de l'éclat et de la beauté de leurs couleurs.

Mais, faisant aussitôt réflexion que votre illustre Société pourrait peut-être se croire offensée si je ne lui offrais pas de préférence, comme un tribut digne de sa juste célébrité, la fleur et les prémices de mon secret, et que d'ailleurs vous pourriez dédaigner d'être mis en parallèle avec cette basse espèce de prétendus philosophes, qui se croient tels uniquement pour travailler journellement sur le flux et le reflux de la mer, sur la figure de la terre, sur les éclipses, ou sur les lois de la gravitation, amusement frivole des spéculatifs désœuvrés et des faiseurs d'almanachs, j'ai pris plus volontiers la résolution, toutefois avec le respect dû à un Corps aussi illustre que le vôtre, mais non sans quelque degré de présomption et d'amour-propre de m'en rapporter pour cette fois au Public, tout en m'adressant néanmoins directement à Vous, comme à ses plus illustres interprêtes.

Ainsi, MESSIEURS, pour ne vous pas tenir plus longtemps en suspens, et ne vous pas détourner inutilement de vos grandes occupations, je consacre dans vos Registres, que j'ai découvert, et je vous prouverai d'ailleurs par les raisonnements les plus incontestables, réunis à l'évidence de la pratique la plus suivie, que les femmes sont l'être le plus parfait sorti des mains du Créateur, en un mot, qu'elles sont l'Être de préférence, d'autant plus supérieur au nôtre, que nous leur sommes totalement inutiles pour notre reproduction; en sorte qu'elles peuvent concevoir, mener à terme leur fruit et accoucher, sans avoir eu aucune sorte de commerce avec les hommes. Cette découverte est sans doute la plus admirable et la plus merveilleuse de toutes celles que l'on ait jamais soumises à votre examen, je puis avec raison me flatter que vous en conviendrez.

Pour satisfaire à l'avance ceux qui ont le coup d'œil aussi pénétrant que vous sur les ouvrages les plus secrets de la Nature, il me suffirait sans doute de tracer ici l'histoire purement physique des vaisseaux contenant la semence de l'homme, et l'anatomie un peu détaillée des parties naturelles de la femme, et d'en tirer les inductions des principales branches de mon système. Mais comme j'ai à combattre, tant la simplicité des ignorants que les préjugés des demi-savants, ainsi que l'opiniâtreté des jaloux et des malintentionnés, je préfère décrire ici tous les développements de cette grande découverte en vous expliquant, dans toutes ses circonstances, ce qui m'en fit naître la première idée, et par quelle progression et quels enchaînements de faits je suis parvenu, après bien des tentatives, à passer des conjectures à une entière démonstration.

Les lots de la divine Providence dans la distribution des divers états de la vie, sont fort différents. C'est à chacun de nous à remplir de son mieux, et avec la plus parfaite résignation, celui qui lui est échu dans l'ordre politique du pays où il vit. Mon destin, dans le partage de ces lots, me fixa à l'exercice de la profession de médecin dans une petite ville de province. Pour rendre mon sort plus fortuné et mon état moins borné, j'ai cru devoir joindre à ce premier talent la connaissance des maladies particulières aux femmes et surtout la pratique des accouchements.

Quoiqu'il ne convienne à personne de vanter son propre mérite, cependant j'estime qu'on peut, sans crainte de me trop enorgueillir, me permettre d'avancer à mon honneur que, par l'emploi du second de ces deux talents, j'ai en quelque sorte compensé les pertes que l'humanité pouvait faire en mes mains par l'exercice habituel du premier. Mon bonheur même me valut un certain nom auprès des femmes de mon canton; en sorte que ma réputation s'étendit si bien dans la profession d'accoucheur, que j'eus la pratique de la majeure partie des femmes enceintes dans le fertile comté de Middlesex.

Mais pour ne point vous ennuyer de mon histoire particulière, qui assurément ne mérite point l'avantage de vous intéresser, je vous dirai qu'étant un jour assis tout seul près de ma porte, après mon dîner, hâtant suivant mon usage journalier ma digestion par le secours d'une pipe (et j'ai l'expérience des bons effets de cette habitude), le domestique d'un gentilhomme de mon voisinage vint me chercher de sa part pour sa propre fille, me disait-on, très-dangereusement malade, et souhaitant impatiemment ma présence et mon secours, m'invitant ainsi à quitter tout pour me rendre sur-le-champ à leur château.

Rien ne s'opposait pour le moment à cette visite, mais cependant, après avoir allégué bien des prétextes pour la remettre à un autre jour, et ainsi après m'être fait beaucoup prier, comme si j'étais accablé de malades, je suivis l'envoyé du gentilhomme. Arrivé auprès de la jeune demoiselle, j'écoute ses plaintes, je l'interroge sur ses dires, et combinant à part moi toutes ses réponses, quelle fut ma surprise d'y trouver tous les symptômes, ou plutôt les preuves constantes d'une grossesse plus qu'avancée et même fort proche de son terme. Néanmoins, comme la jeune personne paraissait bien éloignée de me faire cet aveu, connaissant d'ailleurs tous les ménagements dûs aux femmes dans cet état, et en outre sachant très-bien quelle tendre délicatesse les dames ont pour leur propre réputation, même après lui avoir fait courir les plus grands risques, je pris le parti avant tout de faire passer le père dans une autre pièce pour lui parler en particulier et sous le sceau du secret. Là je lui dis ce que mon devoir m'ordonnait de ne lui pas céler dans une circonstance aussi critique, en lui découvrant ainsi : que sa fille, non-seulement était enceinte, mais encore que, selon toutes les apparences, elle était fort près du moment de sa délivrance.

Peu s'en fallut, à cette annonce, que le vieux baronnet ne me dévisageât; cependant, se remettant peu à peu pour ce qui me concernait, mais frappé d'horreur de l'inconduite de sa fille, et en rejetant toute la faute sur le peu d'attention et de surveillance de sa femme, il tourna, avec plus de raison, son courroux contre la mère et la fille; et dans l'ardeur de son déplaisir, ne ménageant plus rien, il rentra dans la chambre de la jeune personne, et l'accablant des reproches les plus vifs et les plus amers, il se plaignit dans les termes les plus forts et les plus sanglants, qu'on lui eût caché un secret d'une aussi grande importance pour l'honneur de sa maison, et qu'on eût par une telle inconséquence couvert son nom d'un déshonneur trop mérité. Malgré la vivacité des clameurs et la rigueur outrageante des plaintes et des menaces d'un père si justement irrité, il était facile de remarquer sur le visage de la malade tous les caractères de l'ingénuité et de l'innocence. Pleine d'étonnement et de surprise, et paraissant d'abord ne se point décontenancer, elle se tourna vers moi, la bouche béante, comme pour se plaindre d'une aussi fausse et aussi odieuse accusation ; puis, son cœur suffoqué par la violence de son chagrin, elle tomba bientôt évanouie dans les bras de sa mère.

C'est une remarque générale que, depuis le médecin jusqu'au boucher, tous les états qui voient de près la souffrance et la mort, et qui sont sans cesse occupés à débarrasser la nature du nombre de ses productions, de crainte que le monde ne soit trop peuplé ; c'est, dis-je, une remarque certaine que tous les états qui vivent le plus habituellement dans le sang, s'endurcissent à peu près également et renoncent en quelque sorte à tout sentiment d'humanité et de compassion ; en sorte qu'ils sont comme épuisés dans leur âme et que leur cœur s'ouvre difficilement à la pitié. Cependant, quoique accoutumé depuis longtemps, par une habitude journalière, à voir de près les maux et la tristesse ; quoique formé par l'usage à une coutume inflexible qui m'empêche de laisser paraître sur mon visage les émotions dont mon cœur se peut trouver quelquefois susceptible, il y avait sans doute dans cette scène quelque chose de trop particulier et de trop intéressant pour ne me pas sentir affecté par l'état violent où je voyais que mon rapport avait jeté la jeune personne; en sorte que je me trouvai touché, comme malgré moi, et que je me sus mauvais gré de la confidence que je m'étais cru obligé de faire au père dans un cas aussi critique.

Mais la mère fit bientôt diversion à ces retours d'une pitié si extraordinaire de ma part et à des mouvements si involontaires d'une tendresse compatissante. Elle commença par m'accabler des termes les plus insultants et des outrages les plus piquants. Comment avais-je, disait-elle, osé noircir la réputation de sa fille d'une façon aussi grossière et aussi indignement controuvée ; elle qui, à bon droit, pouvait être garante de la sagesse de son enfant, qu'elle n'avait jamais perdue de vue ; qui, sûre de ses moindres démarches, était caution qu'elle n'avait jamais pu dire deux mots en particulier à qui que ce fût, ayant toujours été auprès d'elle l'Argus le plus surveillant ? En conséquence elle affirmait, dans les termes les plus forts et les plus cruels pour moi, que mon pronostic était de ma part l'invention la plus infernale et le mensonge le plus diabolique. Elle ajoutait qu'elle ne pouvait imaginer comment son mari, qui savait jusqu'à quel point elle avait poussé la sévérité de sa vigilance, pouvait néanmoins m'avoir écouté avec tant de patience, sans colère et sans horreur ; et se récriant toujours sur la vertu et l'innocence incorruptible de sa fille, elle soutenait qu'elle ne pouvait être annoncée dans l'état où je l'expliquais que par un homme de mauvaise volonté, un ennemi ou un parfait ignorant. Revenant ainsi à chaque instant contre l'atrocité de mon inculpation, elle ne promettait pas moins que de chercher partout à me décréditer et à tirer de ma lâcheté la plus juste comme la plus cruelle vengeance.

A mon tour je mis aussi de l'aigreur dans mes répliques, disant au père et à la mère que j'étais bien éloigné d'avoir mérité tant de reproches et tant d'injures; que je n'avais pas accoutumé d'être traité de la sorte; que je savais très-bien à quel point semblables vérités étaient dures à l'oreille d'un père et d'une mère; mais que l'amour de mon devoir et l'obligation absolue de ma profession m'avaient forcé à une déclaration dont ils verraient bientôt l'urgente nécessité; et puisque ma retenue (d'autant qu'eux seuls se rendaient coupables de l'éclat que j'aurais voulu empêcher) et mon zèle pour leur propre satisfaction étaient si mal récompensés, et n'avaient pu me mettre à l'abri d'un traitement aussi injurieux, quoique d'autant moins mérité, que l'état de grossesse était trop bien constaté pour qu'on pût élever aucun doute à ce sujet, mon humeur et ma délicatesse personnelle m'obligaient de me retirer, leur laissant le loisir de penser combien gratuites avaient été tant d'incartades. Aussi pris-je congé, et laissai-je cette famille désolée reprendre à loisir ses sens, ne doutant pas qu'on serait trop heureux de me rappeler aussitôt que le calme aurait succédé à un tel orage, et dès qu'ils auraient eu le temps de raisonner entre eux avec quelque réflexion.

Je ne me trompais pas. Dès le lendemain matin un équipage était à ma porte. A mon arrivée chez le bon gentilhomme, malgré les fureurs de la mère, qu'elle pouvait à peine contenir, plus alors contre sa fille que contre moi, et quoique la jeune personne protestât toujours de son innocence, les affaires se trouvèrent bientôt trop avancées pour qu'il restât le moindre doute sur la justesse de mes indications. En effet, vers les cinq heures de la même après-midi, j'amenai au monde le malin petit témoin, dont l'arrivée était si fatale à la réputation de la jeune fille et si nécessaire à la mienne.

Néanmoins, malgré cette conviction, qui n'était que trop concluante en ma faveur et qui tout en assurant ma propre justification fermait si bien la bouche à la mère, la nouvelle accouchée persistait toujours dans ses premiers dires; et attestant le ciel de son innocence elle continuait à faire les mêmes protestations à tous ceux qui l'approchaient; en sorte que sans l'évidence qui résultait de la venue du petit poupon, on aurait eu bien de la peine à ne pas ajouter foi à des déclarations aussi invariables; mais ce témoin irréprochable démentait tous ces dires et déconcertait avec raison toute cette famille.

La jeune personne relevée et ainsi mon ministère fini, je perdis de vue cette pucelle de nouvelle étoffe ainsi que ses père et mère. Je croyais même n'être plus dans le cas de m'en occuper précisément. Mais un jour j'eus occasion d'aller dans cette maison pour quelque autre objet relatif à mon état; me trouvant seul avec cette jeune personne, elle en profita pour avoir avec moi une explication particulière. Elle ouvrit la conversation en me prenant les mains et les serrant avec transport; son visage s'inonda d'un torrent de larmes, et me répétant avec force les mêmes assurances de sa vertu et de son innocence, elle priait le ciel de l'accabler de ses foudres, si jamais elle s'était prêtée aux approches d'aucun homme et si elle avait le moindre reproche à se faire sur cet objet, et ne pouvant imaginer comment un pareil fait avait pu lui arriver.

Des protestations aussi soutenues, exprimées avec un si grand air de vérité et accompagnées de larmes aussi touchantes, me causèrent la plus sensible émotion. Hélas! qu'une femme est attendrissante en cet instant! Cette scène, en un mot, fit en moi, je ne sais comment, une si forte impression que je me trouvai, malgré la conviction de mes sens et les oppositions de ma raison, comme porté à croire ce que cette jeune personne me disait.

Cette conversation me jeta dans la plus profonde rêverie; en vain cherchais-je à me persuader moi-même d'une innocence que tout conspirait à accuser; en vain cherchais-je dans mon esprit quelques moyens de disculper cette jeune personne. Tout s'accordait pour la condamner. Cependant, elle m'était devenue si intéressante, que je me retirai tout pensif, et je rentrai chez moi la tête tout occupée de cette affaire et réfléchissant à sa nouveauté, mais sans pouvoir trouver aucun moyen de concilier des déclarations aussi singulières avec un fait qui les démentait entièrement.

Enfin, cette belle enfant m'avait, je l'avoue, tellement intéressé, que j'aurai voulu, pour toutes choses, me pouvoir déguiser la vérité des faits et la croire sur sa parole de la vertu la plus intacte. Je fus longtemps dans cette inquiétude et cet embarras ; mais un jour, tenant en main la *Religion démontrée* de Wollaston[1], je tombai par hasard sur un passage qui me frappa subitement d'une telle lumière, que je commençai à lever dans mon esprit quelques doutes sur la certitude apparente d'un cas semblable.

[1] Wollaston (1659-1724), savant et moraliste anglais. L'ouvrage cité ici a été traduit en français sous le titre de *Tableau de la religion naturelle* (1726). Wollaston est l'aïeul du célèbre physicien du même nom auquel, entre autres découvertes, nous devons la *chambre claire*, une pile électrique, etc.

Ce passage est si intéressant et si concluant que vous me permettrez sans doute, MESSIEURS, de le rapporter ici en son entier, d'autant que je le regarde comme la base et l'appui fondamental de tout mon système.

On trouve effectivement dans la cinquième section de l'incomparable ouvrage de ce grand philosophe, un article remarquable touchant la fameuse et importante question de savoir si les âmes des pères sont transmises par simple émanation dans leurs enfants, ou si elles entrent dans le fœtus d'une manière toute surnaturelle, au moment de leur naissance, sujet comme l'on sait bien digne de toutes les recherches des philosophes; mais par malheur, il sera toujours impossible de résoudre un problème aussi embarrassant et qui ressemble beaucoup à cette autre ancienne et savante question : Quel a été créé le premier de l'œuf ou du poulet [1]?

[1] Au rapport de Censorin, divers anciens philoso-

Voici donc le fameux raisonnement de mon auteur :

« Si la semence dont tous les animaux sont produits, » ce sont les propres termes du grand et savant Wollaston ; « si cette semence est, comme je n'en doute pas, composée d'animalcules déjà formés, et qui, distribués dans des endroits convenables, sont pris avec les aliments et peut-être même avec l'air[1], puis

phes prouvaient l'éternité du monde par ce raisonnement des plus concluants : non potest omninò reperiri aves ne ante ova, vel ova ante aves generata sint, cum et ovum sine ave et avis sine ovo gigni non possit. Cette intéressante question a été vivement agitée par d'autres anciens philosophes, comme on peut voir dans Macrobe en ses Saturnales, liv. VII, ch. 16, et dans Plutarque, qui l'appelle : το ἄπορον και πολλὰ πράγματα τοῖς ζητητικοῖς παρεκον προβλεμα σαρηον, chose douteuse et problème énigmatique, bon seulement à donner à deviner aux curieux. » — Note de Johnson.

[1] Les homogénistes sont en effet obligés de croire à cette dissémination des animalcules tout formés ou au moins de leurs germes dans l'air; sans cela il leur serait assez difficile d'expliquer comment, dans cet endroit clos, qui

séparés dans le corps des mâles, par des espèces de couloirs ou vaisseaux sécrétoires propres à chaque espèce, et ensuite logés dans les vaisseaux séminaires, où ils sont dans le cas de recevoir quelques additions et quelque influence particulière, et si, passant de là dans la matrice des femelles, ils y sont nourris plus abondamment et y prennent ainsi une croissance qui devient bientôt beaucoup trop forte pour qu'ils y puissent rester plus longtemps gênés et resserrés; je dis que si c'est là le cas ordinaire de la génération des différents êtres, etc. »

Peu après Wollaston ajoute : « Je ne puis

reste généralement une quinzaine d'années vide de tous microzoaires, il s'y en trouve tout d'un coup une innombrable quantité Il est vrai que, même dans l'hypothèse de la panspermie, il reste encore assez de difficultés pour expliquer comment il se fait que c'est à cette époque seulement que les couloirs dont parle Wollaston sont aptes à conduire les germes dans le lieu qui leur est destiné.

m'empêcher d'en conclure qu'il y a des petits animalcules de toute espèce formés dès le commencement du monde par le Tout-Puissant, pour être la semence de toutes les générations futures ; et il est certain que l'analogie de la nature dans d'autres exemples, ainsi que les observations faites à l'aide du microscope favorisent justement et même confirment totalement cette assertion. »

La lecture de ce passage me fit faire les plus sérieuses réflexions sur la grossesse de la fille du gentilhomme, dont je vous ai tracé l'histoire. Je commençai par me dire à moi-même : si d'aussi petits embryons, vrais animaux, déjà formés et dispersés çà et là dans la nature, sont dans le cas de passer dans les corps par la bouche avec l'air et les aliments, s'il ne leur faut qu'un receptacle d'un certain degré de chaleur pour les dilater et les développer jusqu'au point où, devenus trop grands, ils ne puissent plus rester gênés et renfermés plus longtemps, à peu près de même qu'il en arrive pour les concombres, qui sont forcés de s'entr'ouvrir lorsque les grains qu'ils renferment sont devenus trop forts pour être contenus davantage dans les loges qui leur étaient destinées; si, enfin, c'est là tout le mystère de la génération (et l'expérience m'a depuis pleinement convaincu qu'il en est ainsi), pourquoi, dis-je, l'embryon humain ne pourrait-il pas être porté par le véhicule de l'air de suite dans la bouche de la femme et s'aller loger dans ses vaisseaux séminaires et dans sa matrice, y éclore et prendre croissance, aussi bien que lorsqu'il y passe par le concours des organes de l'un et de l'autre sexe? Pourquoi d'ailleurs ce petit animalcule serait-il indispensablement assujetti à faire un aussi long circuit et aurait-il un progrès si tardif, en dépendant nécessairement de la voie usitée et plus connue, tandis qu'il pourrait prendre une voie bien plus courte pour venir au jour?

Quant aux tamis ou couloirs que notre grand philosophe place dans le corps des mâles, il faut pardonner cette idée à son défaut de connaissance en anatomie. Aussi le seul doute qui me restât après la lecture de ce sublime passage, fut de savoir si les animalcules étaient réellement portés et comme nageant dans l'air, et s'ils étaient vraiment dans la possibilité de se glisser dans le gosier par la voie de la respiration, comme cet auteur le prétend, car j'étais accoutumé à croire qu'ils étaient tous logés sans exception dans les lombes des mâles. En effet, il paraissait évident que l'hypothèse de Wollaston une fois prouvée, dès lors la conséquence serait incontestable et des plus faciles à tirer.

Ici s'élevait un nouvel ordre de choses dans mon esprit ; nouvelle difficulté qui me paraissait insoluble ; nouvel embarras : tout me devint doutes et ténèbres. Dans le fait, je n'étais pas absolument sûr de l'existence de ces petits animalcules; j'ignorais s'ils étaient réellement répandus dans la nature ou s'il n'en existait point; et quand ils auraient existé, je les supposais trop petits pour pouvoir jamais être découverts à l'œil nu; et même dans la supposition qu'ils pourraient être aperçus à l'aide d'un bon microscope, je ne savais pas où trouver ces endroits qui leurs sont convenables, où ils sont comme nageant et flottant, et d'où ils sont dans le cas de passer, avec l'air et les aliments, dans les corps auxquels ils sont homogènes, selon que nous l'assure notre illustre compatriote.

J'étais dans une perplexité si décourageante lorsque, très-près de renoncer à ce nouveau système, le hasard vint encore à mon secours et me tira d'embarras. Le voile tomba tout d'un coup, les ténèbres se dissipèrent, je crus voir un nouveau jour; en un mot tous mes doutes furent éclaircis à la lecture d'un passage des Géorgiques, que j'eus le bonheur de me rappeler et que je saisis avec avidité. Virgile y dit, avec les grâces ordinaires de sa poésie, que « les juments portent quelquefois la tête au vent, et s'arrêtant sur les montagnes, elles y respirent le zéphyr ou vent du couchant ; d'où il arrive souvent, par un effet qui tient du prodige, que sans s'être accouplées, elles conçoivent par la seule influence de ce vent ; elles courent ensuite à travers les vallons et les montagnes, sans jamais se tourner vers l'orient, mais toujours vers le septentrion ou vers le midi [1]. »

Or, personne ne doute que Virgile ne fut aussi grand physicien qu'excellent poëte et

[1] Ore omnes versæ in zephirum, stant rupibus altis,
Exceptantque leves auras ; et sæpe, sine ullis
Conjugiis, vento gravidæ, mirabile dictu,
Saxa per et scopulos et depressas convalles
Diffugiunt. (Non, Eure, tuos, neque solis ad ortus),
In Boream Caurumque, autun de nigerrimus Auster
Nascitur, et pluvio contristat frigore cœlum.
Géorgiq., III, v. 273.

habile écuyer [1]. Ainsi, me dis-je à moi-même, ce n'est pas une idée hasardée de sa part que ce qu'il assure en cet endroit : qu'on a vu plus d'une fois des cavales devenir fécondes sans étalon, et seulement pour s'être tournées vers l'occident et avoir aspiré le vent soufflant de ce côté-là.

D'ailleurs, tous les naturalistes conviennent qu'il y a une analogie parfaite et même une entière conformité dans les procédés de la nature, et surtout dans celui qui tend à la perpétuelle reproduction, au moyen de la génération des différentes espèces d'animaux bipèdes ou quadrupèdes répandus sur la surface de la terre ; il me vint donc dans l'esprit que ce que

[1] La première traduction dit maréchal. Écuyer est plus poétique, mais n'indique peut-être pas aussi bien que maréchal l'omniscience accordée, même de nos jours, au poëte. Suivant bien des amoureux de l'antiquité, Virgile, comme Homère, a fait, sans s'en douter, non pas des poëmes, mais des encyclopédies. L'éloignement produit de ces mirages.

Virgile avait si clairement expliqué au sujet des juments, d'après sa propre connaissance, pouvait avoir également et par les mêmes voies son application aux femelles de l'espèce humaine.

Ainsi les beaux vers de ce grand poëte me firent faire heureusement deux pas vers ma découverte.

Je devais au grand Wollaston l'idée que les animalcules reproductifs de chaque espèce d'êtres étaient dispersés çà et là dans des endroits à eux convenables, pour être la semence de toutes les générations futures et qu'ils n'attendaient qu'un véhicule qui leur fût assorti, pour aller se loger dans la place à eux destinée chez les femelles à l'effet de s'y développer et d'y prendre leur premier accroissement ;

D'un autre côté, Virgile, s'expliquant bien plus clairement sur ce procédé général de la nature, venait de m'apprendre qu'à sa connaissance diverses juments avaient été fécondées par un vent d'occident. Il était ainsi naturel que je tirasse de cette instruction la conséquence que le côté d'où souffle le vent d'occident devait être regardé comme un de ces endroits convenables à rassembler ces petits animalcules dont parlait Wollaston et que ce vent d'ouest était d'ailleurs le véhicule propre à charrier ces petits embryons jusque dans le sein des femelles de chaque espèce.

Mais comme je suis bien éloigné de me fier à de simples hypothèses, et que je sais d'ailleurs qu'il ne suffit point de s'appuyer sur de grands noms, surtout dans un siècle aussi éclairé, où la philosophie expérimentale nous a rendus si difficiles qu'aucun fait n'est accepté, s'il n'est rendu sensible et palpable, je me déterminai à chercher des preuves évidentes et bien démonstratives de ce système avant de me hasarder à livrer mes idées au public.

Au reste, je n'ignore pas qu'il y a des gens qui ne doutent de rien, et assez singuliers pour se croire en droit de publier à tort et à travers toutes les rêveries et tous les mensonges qu'ils se plaisent à forger, et qui en même temps sont toujours prêts à attaquer avec hardiesse et arrogance ceux qu'ils voient n'être pas leurs dupes, comme ne voulant point ajouter foi à leurs dires. Mais pour moi, qui ne suis animé que par l'amour du vrai et qui ne cherche que l'avantage de mes concitoyens, je me croirais le plus indigne des êtres, si, de plein gré, je tentais de les amuser par des fables et les tromper par des illusions.

D'après ces principes qui ont toujours été mes guides dans toutes les actions de ma vie, je cherchai quels moyens il me serait possible d'employer pour intercepter, recueillir et avoir ainsi en ma possession quelques-uns de ces petits animalcules ballotés dans l'air du côté du couchant.

L'habitude où j'étais d'imaginer de nouvelles machines pour tous les objets de physique par lesquels j'amusais mes loisirs, me fit me livrer avec ardeur à cette recherche. Après une infinité d'épreuves et de tentatives inutiles, je parvins d'abord à obtenir une sorte de microscope particulier qui me mit à portée de démêler ces petits atômes flottants dans le fluide de l'air; ce qui, comme on peut croire, m'encouraga merveilleusement à la poursuite de mes recherches. Enfin je vins à bout de fabriquer une machine cylindrico-catoptrico-rotundo-concavo-convexe dont je me propose de donner incessamment la figure principale avec tous ses développements, pour la satisfaction des curieux; elle est même déjà dessinée par Heymann et je la ferai graver par Vertue.

Cette machine étant hermétiquement scellée par l'un de ses bouts avec une terre sigillée, dûment lutée selon les lois les plus exactes de l'électricité, à la fin je réussis à trouver une position convenable vers l'occident, dans laquelle je plaçai l'embouchure de cette espèce de trappe, de manière à saisir un certain nombre de ces petits animalcules nageant pour lors dans cette partie prolifique du ciel.

L'événement répondit à mon attente; et lorsque je fus en possession d'une quantité suffisante de ces germes, originaux d'existence, vrais atômes non encore déployés et les plus petits êtres de la nature, ce fut encore pour moi une opération bien difficile et à laquelle je ne parvins qu'après bien des tentatives infructueuses, que de les pouvoir prendre et fixer devant moi, de manière à pouvoir démêler leurs espèces, n'ayant dessein principal que de m'occuper de ceux spécialement destinés à notre propre reproduction. Enfin, je parvins à faire ce triage; et mettant à part ceux qui me parurent vraiment formés pour ce but particulier de la nature, je les répandis avec le plus grand soin, comme des œufs de vers à soie, sur du papier blanc, sous un bocal du grain le plus fin; précaution d'autant plus nécessaire que le moindre courant d'air pouvait les emporter.

Prenant alors mon meilleur microscope, je distinguai clairement que ces petits animalcules étaient de petits êtres humains de l'un et de l'autre sexe, exacts dans tous leurs membres, dans tous leurs traits caractéristiques et dans toutes leurs proportions; en un mot je les voyais comme des candidats aspirants à la vie et n'attendant pour y arriver que le moment où ils pourraient être suffisamment imbibés d'air et ensuite d'une nourriture à eux convenable, lorsqu'ils auraient passé par les vaisseaux homogènes de la génération.

Après ce premier succès, bien propre comme vous devez le penser à m'encourager à suivre mon entreprise, je continuai de faire nombre d'expériences de toute nature, mais qui seraient trop longues et trop ennuyeuses pour que j'ose vous les détailler. Tout ce que je veux vous en dire est qu'elles me coûtèrent une année entière d'un travail d'autant plus pénible qu'il m'y fallait apporter l'attention, la plus sérieuse ; mais, à la fin, j'eus l'inexprimable satisfaction d'établir solidement toutes mes idées sur la doctrine des embryons et sur celle de l'air qui les contient et des vents qui en sont le premier véhicule.

Je trouvai donc en résultats, que comme la génération des insectes est pour l'ordinaire amenée par un vent d'Est, les animalcules destinés à la reproduction des êtres humains viennent toujours par un vent opposé, à savoir par celui du couchant; mais ce que les uns et les autres de ces deux sortes d'essaims ont entre eux de commun, est qu'il paraissent à l'œil nu encore plus petits que des mites, et qu'ils semblent tous uniquement destinés à la même fin d'existence, fruges consumere nati, n'ayant d'autre but que de consumer les fruits de la terre.

Souvent, tandis que j'examinais ces petits atômes avec mon microscope, mes idées s'exaltaient, mon imagination se montait et devenait toute romanesque. Je me représentais la diversité des états et des conditions par lesquels ces petits embryons pourraient passer lorsqu'il leur arriverait un jour d'être appelés à l'existence humaine, à laquelle ils tendent tous. Ce petit reptile, me figurais-je, pourra quelque jour devenir un Alexandre; cet autre une Faustine ; celui-ci peut-être un Cicéron, et celui-là un danseur de corde, ou moins encore s'il est possible [1]. D'autres fois, je me frappais d'admiration en considérant combien de bons citoyens, combien de héros, de législateurs, de monarques même, étaient peut-être en ce moment sur ma feuille de papier, eux dont les grandes âmes dans l'âge futur trouveraient le monde entier un théâtre trop res-

[1] Les danseurs de corde ont bien augmenté de valeur depuis Abraham Johnson. Je ne sais si aujourd'hui ils ne sont pas mieux payés que ne le serait un Cicéron, et s'ils ne font pas beaucoup plus de conquêtes qu'un Alexandre.

serré pour leur vaste ambition. Ces idées, trop dans le cas de se confirmer, me rappelaient avec émotion ce fameux sarcasme de Juvenal dont l'application est aussi juste avant la vie qu'après la mort [1], et je proférai avec enthousiasme ces excellents vers du merveilleux poëme du docteur Garth [2], intitulé le Dispensary :

[1] Expende Annibalem : quot libras in duce summo
Invenies ? Hic est quem non capit Africa mauro
Perfusa Oceano Niloque admota tepenti !
Juv., sat. x, v. 147.

Unus Pellæo juveni non sufficit orbis :
Æstuat infelix angusto limite mundi,
Ut Gyaræ clausus scopulis parvaque Scripho.
Quum tamen a figulis munitam intraverit urbem,
Sarcophago contentus erit. Mors sola fatetur
Quantula sint hominum corpuscula....
Juv., sat. x, v. 168.

[2] Le Dr Samuel Garth, médecin, poëte, philantrope, né en 1671, mort en 1718. Son poëme, le Dispensary, a été souvent réimprimé. C'est une satire contre les médecins et les apothicaires de Londres, qui s'opposaient aux consultations gratuites qu'il avait fondées en faveur des pauvres.

« Voici donc que la nature me dévoile ces atômes enfantins, brûlant de marcher à la vie! Je ne les vois que comme un misérable point d'entité qui commence à étendre sa forme nouvelle et à devenir homme. A quelle mince origine devons-nous le jeune Ammon, César et le grand Nassau? »

Enfin, MESSIEURS, pour ne pas abuser plus longtemps de votre patience par une trop ample digression, je reviens directement aux procédés de ma découverte.

Cette dernière expérience, par laquelle j'avais réussi à me rendre maître d'un certain nombre de ces petits animalcules avait bien, il est vrai, confirmé tout mon système; mais il m'en restait encore une à faire, assurément la plus importante et bien capable, je pense, d'embarrasser un collége entier de médecins, et qui certes aurait mis en défaut tous les consultants de Warwik-Lane.

En effet, les points préliminaires de ma première hypothèse se trouvaient établis à mon entière satisfaction ; mais il me restait encore à faire dans ma découverte deux pas presque d'une aussi grande importance que les premiers, et sans doute encore plus difficiles.

D'abord il me fallait savoir si ces animalcules, dont je pouvais me mettre en possession, pourraient acquérir la maturité nécessaire à leur existence, en passant seulement dans les vaisseaux séminaires et dans la matrice de la femme. Cependant, comme cette première difficulté semblait être levée par l'observation du poëte d'Auguste, au sujet des juments, elle ne m'affectait pas essentiellement ; mais il fallait toujours que je m'en assurasse par l'expérience, et que je trouvasse occasion de la faire avec certitude : or, hoc opus, hic labor est.

Il était effectivement très-difficile de savoir au juste quand une femme aurait imbibé toute la semence nécessaire pour qu'un de ces animalcules de notre espèce pût parvenir par les vaisseaux séminaires jusqu'à la matrice, s'y établir et en quelque sorte y prendre racine, à l'effet de s'y développer, et au bout du terme convenable d'en sortir à ma satisfaction.

Il y avait encore pour le moins autant de difficultés à m'assurer que la femme sur laquelle je ferais mon épreuve, n'eût aucune sorte de commerce avec les hommes, jusqu'à ce que l'expérience eût eu le temps de produire son effet, et que j'eusse pu le constater bien évidemment. Le sexe est si fragile que je ne pouvais ni ne devais me fier à ses promesses. Ainsi j'avais tout à craindre, si je mettais cette femme dans ma confidence, ce qui d'ailleurs eût été de la plus haute imprudence dans le cas actuel. Il fallait donc que le sujet que j'y emploierais n'en eût aucune connaissance, et aussi que je le préservasse comme malgré lui de la moindre habitude avec quelque être de notre sexe. Jugez quel devait être mon embarras. Si je choisis une femme mariée, me disais-je, que d'inconvénients de toutes parts. Les difficultés deviennent innombrables. Si je prends une fille dans sa première jeunesse, serai-je plus sûr de sa virginité ? De tout temps cette marchandise a passé pour bien équivoque et bien fragile ; et si je ne me trompe, elle n'a pas beaucoup changé de nature en se rapprochant de notre âge.

Quelquefois il me venait dans l'esprit d'épouser une femme dont je ferais tout le bien-être, et sur laquelle j'aurais pu m'arroger une autorité absolue, et ainsi la tenir dûment renfermée jusqu'au moment de ses couches. Mais m'objectais-je ensuite, elle me désespérera quand elle verra que je ne l'ai épousée que pour faire librement quelque expérience sur elle ; d'ailleurs elle ne cherchera qu'à me contre-carrer, et précisément parce qu'elle aura reconnu qu'il m'importe qu'elle soit comme une vraie recluse, ainsi elle fera tout ce qui sera en elle pour jouir du commerce des hommes, et quand il serait vrai, que ce serait le plus innocemment du monde, en devrai-je être bien convaincu, et dès lors serai-je assuré de mon expérience ?

Je veux même, pour un moment, que cette femme ait assez de complaisance pour se prêter sans murmure au régime de vie qu'il m'est indispensable de lui faire tenir, le lien que j'aurai contracté avec elle est indissoluble. Qui me répondra donc de son attachement pour moi ? Ne se défiera-t-elle pas de la continuation de ma tendresse? Moi-même, puis-je me flatter d'en avoir pour elle quand je serai parvenu à mes fins ? Ainsi je rebutai un projet si hasardé, et après mille incertitudes je me décidai à tout tenter sur une simple soubrette. La grande difficulté était d'en trouver une qui eût encore la simplicité, et si l'on peut s'exprimer ainsi l'innocence de son premier état : (nos jeunes villageoises, par la fréquentation des militaires, s'étant défaites depuis longtemps de cette réserve et de cette ingénuité qui les rendaient autrefois si estimables) j'eus donc bien de la peine à me décider. Cependant, à la fin, mon choix fait, je fis venir chez moi le sujet, et sous divers prétextes je trouvai moyen de l'y tenir exactement renfermée pendant près d'une année. Après un laps de temps aussi long, pendant lequel j'avais tout lieu d'être persuadé qu'elle n'avait pas même aperçu d'autre homme que moi, je me déterminai à commencer sur elle mon expérience. Dans cette vue je lui persuadai qu'elle était malade ; ce qui ne fut d'autant moins difficile que l'état d'inaction et de clôture où je l'avais réduite, lui avait donné une sorte de mélancolie.

Alors je lus cinq fois de suite mon Jacob Bœhm d'un bout à l'autre ; puis mêlant quelques animalcules dans une préparation chimique je la fis prendre à cette fille comme une médecine. J'avais déjà eu, comme bien vous pensez, la précaution de renvoyer mon valet et je ne permis dans mon voisinage à aucun être mâle de forme humaine d'aborder seulement mon logis. Je poussai même le scrupule jusqu'au point de soustraire de chez moi tout tableau ou gravure qui pût en faire naître la moindre idée.

En six mois ma potion avait fait un effet très-visible sur le sujet que j'avais employé. Que le lecteur s'imagine, s'il se peut, la joie que je ressentis lorsque je m'aperçus pour la première fois d'un symptôme réel d'une grossesse décidée. Ce fut bien plus, quelques jours après, quand une petite circonstance vint mettre le comble à ma satisfaction et me rendit cette espèce de conception hors de toute possibilité de doute.

Un matin que j'étais seul dans mon cabinet, réfléchissant sur ce grand événement, cette fille vint m'y trouver les larmes aux yeux; et n'ayant demandé la permission de me faire une question, elle me pria instamment de lui dire s'il était possible d'enfanter au bout de trois ans? Il m'était aisé de comprendre sur le champ quel était le vrai but de cette demande; cependant, affectant un air d'ignorance et prenant la gravité de ma profession, je lui enjoignis de s'expliquer plus clairement. Pour lors, interrompue sans cesse par des sanglots, elle me bégaya : « qu'elle était étonnée de certains symptômes; que le ciel était témoin de sa sagesse; qu'elle ne savait ce qui se passait chez elle, mais qu'elle avait tout lieu de se croire enceinte; cependant qu'elle pouvait jurer sur ce qu'elle avait de plus sacré de n'avoir pas été... été... été touchée par aucun homme depuis trois ans. »

« Ainsi donc, lui dis-je d'un ton mêlé de douceur et de sévérité, vous avouez que vous vous êtes rendue coupable d'incontinence il y a environ trois ans? — Hélas! oui, Monsieur, me répondit-elle. Ce serait folie de ma part de vouloir le nier à un homme de votre savoir et aussi pénétrant que vous... Ainsi j'aime mieux tout vous découvrir sans aucun déguisement.... Vous saurez donc, Monsieur... qu'il y a effectivement environ trois ans, que... à la vérité, Monsieur, je n'ai pas toujours été aussi simple que j'aurais dû l'être. Hélas si j'avais été aussi sage que je le suis depuis ce temps!. mais, Monsieur!... mon dernier maître, Monsieur, qui était... un ministre[1]... que le bon Dieu lui pardonne et à moi aussi!... Je suis bien sûre de m'en être repentie plus de cent fois, et je pense qu'il en a fait de même...» Voilà tout ce que je pus tirer d'elle.

Je me flatte, MESSIEURS, que vous me pardonnerez de m'être arrêté sur des particularités qui paraîtraient peu intéressantes à des yeux moins clairvoyants que les vôtres. Elles sont, il est vrai, au-dessous de la dignité d'un philosophe, mais elles m'étaient bien essentielles. En

[1] VAR. : un prêtre.

effet, comme il m'importe absolument, dans une affaire de la conséquence de celle-ci et aussi intéressante pour le genre humain, de faire voir avec quelle précaution et quel scrupule j'ai suivi tous mes procédés, il m'était nécessaire de peindre la naïveté et la simplicité de cette fille, qui m'étaient un sûr garant et une preuve sans réplique de sa bonne foi. Ceux qui n'écrivent que pour l'amusement de leurs semblables peuvent, à leur gré, choisir et retrancher telles circonstances que bon leur semble, selon qu'elles leur paraissent avantageuses ou inutiles, fondés sur l'exemple d'Homère, qui, selon Horace, abandonne et sacrifie tout ce qu'il ne juge pas pouvoir s'embellir entre ses mains[1]. Mais nous qui, par état, sommes nécessairement attachés à la vérité,

[1] Quæ
Desperat tractata nitescere posse, relinquit :
Atque ita mentitur, sic veris falsa remiscet.
HORAT., *De Arte poet.*, v. 150.

nous devons écrire comme si elle nous tenait à la chaîne, et comme ses vrais esclaves ; en sorte que nous devons toujours aller notre droit chemin, sans jamais nous détourner de côté ou d'autre pour jouir des différents coups d'œil qui pourraient nous flatter. Aussi, vous ai-je rapporté ce fait intéressant, précisément tel qu'il s'est passé, sans y avoir rien ajouté et sans en avoir retranché la moindre particularité, sauf que j'ai cru devoir omettre tout ce que le début de cette fille m'avait occasionné de lui dire, et qui me donna d'autant plus d'agrément que j'y trouvais les marques les mieux caractérisées d'une simplicité et d'une bonne foi à toute épreuve ; en sorte que je vis bien que jamais je n'aurais pu trouver un meilleur sujet pour faire avec succès l'essai de ma découverte.

Au surplus, et c'est par où je finirai ce qui concerne cette fille, qu'il me suffise de vous dire que je la tranquillisai sur son état, en lui donnant à croire que, par quelque cause particulière et inconnue, la nature avait été chez elle en défaut, ce qui avait occasionné un retard aussi singulier; en sorte qu'elle se retira bien persuadée que sa grossesse actuelle devait remonter jusqu'au temps où elle s'avouait coupable d'une faiblesse, il est vrai, passagère, mais qui n'en avait pas moins été suivie de l'effet qu'elle était dans le cas de produire.

Pour remettre son esprit dans la plus parfaite tranquillité et lui faciliter de plus en plus une heureuse délivrance, il n'y eut sortes d'attentions et même de complaisances que je ne misse en usage, au point que je parvins à lui faire reprendre sa première gaîté, et qu'au bout des neuf mois à dater de mon essai sur elle, elle mit au monde un gros garçon qui promit bien de vivre, et que j'ai élevé sous mes yeux comme mon propre enfant, malgré les caquets et les calomnies du voisinage; et je ne doute aucunement qu'avec le temps il ne parvienne au grade honorable de juge ou d'alderman, et peut être à quelque autre dignité plus éminente. En effet, que ne puis-je pas espérer d'un sujet vraiment neuf dans notre espèce, comme n'étant point dans le cas de tenir, en aucune manière, des vices et de l'inconduite de ses auteurs?

D'après tout ce que je vous ai expliqué de mes divers procédés, je présume, MESSIEURS, vous avoir prouvé de la manière la plus incontestable toute l'étendue et la certitude de mon système; en sorte qu'il vous doit, ainsi qu'à moi, demeurer pour constant qu'une femme est dans le cas de concevoir et de faire des enfants, sans avoir commerce avec aucun homme. Le monde a donc été pendant six à sept mille ans dans la plus grande erreur, et probablement il aurait continué d'y demeurer pendant six mille autres années et davantage, si je n'étais pas né tout exprès pour dissiper les préjugés ridicules dans lesquels nous avons tous été élevés, et pour détromper le genre humain sur un point aussi essentiel et aussi intéressant. En effet, ma découverte n'est-elle pas bien au-dessus de celles d'Isaac Newton et de tous les autres astronomes systématiques? Toutes celles de ce grand lorgneur d'étoiles n'aboutissent qu'à une simple spéculation, au lieu que ma découverte est de la pratique la plus assurée, comme en quelque sorte de la plus facile, toutefois, moyennant les sages précautions que je me suis cru obligé de prendre et que j'ai si scrupuleusement indiquées. D'ailleurs, celles de Newton ne sont que des calculs propres à amuser quelques pédants de collége; mais la mienne intéresse tout le monde en général et est faite pour son bonheur et sa tranquillité. Aussi me proposé-je de publier incessamment un ouvrage étendu, dont l'objet principal sera de démontrer que la manière la plus naturelle, et bien supérieure à celle jusqu'ici en usage pour la reproduction de notre espèce, est, sans contredit, celle que je viens d'expliquer, et, pour vous en donner dès à présent quelque idée, la démonstration de mon système sera spécialement fondée sur un argument infaillible, auquel je me suis plu à donner la forme syllogistique, comme la plus concluante, et en même temps la plus propre à donner des preuves sans réplique de mes talents singuliers et rares en matière de logique; et comme c'est la méthode la plus ordinaire de raisonner du savant Warburton, je suppose d'autant mieux, par cette raison, sa grande habileté dans cette belle partie de la philosophie.

Tel est donc en abrégé mon raisonnement.

La nature, disent certains auteurs d'une grande érudition, est une vieille dame des plus ménagères et bonne économe; elle se donne le moins de peine qu'il lui est possible, et elle est attentive à faire tout avec le moins de dépenses, prenant toujours la voie la plus courte et la plus facile pour parvenir au but qu'elle se propose.

Or, les animalcules peuvent être aussi facilement fécondés et éclore parfaitement en passant uniquement dans la matrice des femelles, qu'en prenant une route bien plus longue par les lombes des mâles.

Donc, celui-là est le vrai chemin pour arriver à la vie, qui est la route la plus courte; donc, la voie que j'ai employée est la meilleure, et préférable à l'ancien usage qu'il serait bon d'abandonner en faveur de notre pratique actuelle.

Voyons maintenant où cet argument me conduit. Il arrive souvent que l'usage et la pratique d'une chose sont bien connus avant que la théorie en soit découverte. Par exemple, les vaisseaux de guerre pouvaient foudroyer des villes avec les bombes, longtemps avant qu'il fût démontré que les projectiles décrivent des lignes paraboliques. Des enfants s'étaient amusés avec des ombres, bien avant l'invention de la lanterne magique, et longtemps avant que quelque grand philosophe se fût avisé d'expliquer les mystères de cette surprenante machine. Des écoliers et la plus turbulente jeunesse ont enlevé de tout temps dans les airs et conduit à leur gré des cerfs-volants, bien avant la téméraire invention des Montgolfier et des Blanchard, et aussi bien avant qu'on nous en donne quelque explication satisfaisante, et tendant à faire sentir ses avantages et son utilité, ainsi que de se mettre en garde contre les risques à courir en montant ces machines inconduisibles et toujours en butte au premier courant d'air qui les emporte.

Or, c'est précisément ce qui est arrivé quant à l'objet que je me suis fait un devoir de vous mettre sous les yeux. L'histoire en avait, quoique confusément, donné quelques exemples dispersés çà et là, et fort obscurs. Quelques philosophes de l'antiquité, les plus versés dans les connaissances physiques, avaient effleuré ce même sujet, mais par accident et comme en passant, sans s'y trop arrêter, et comme s'ils n'avaient fait simplement qu'entrevoir cette grande vérité. Aussi, ai-je lieu de croire que rien ne me peut légitimement empêcher de revendiquer ici le mérite d'être le véritable auteur d'une première découverte et d'une invention originale. En effet, ne serait-il pas bien dur pour moi que des idées informes, semées au hasard dans de vieux auteurs dont à peine sais-je les noms, et qu'assurément je n'avais jamais lus avant d'avoir établi la théorie de mon système, fussent capables de me faire passer pour plagiaire, et ainsi de m'enlever l'honneur d'une découverte aussi intéressante? En effet, il est, je ne le sais que trop, une classe de lecteurs méchants et mal intentionnés, qui prennent plaisir à publier à qui veut les entendre, que, depuis un certain Orphée, tous les auteurs se sont mutuellement volé leurs ouvrages. Quand cela serait, ce qui ne peut être, quel ne serait donc pas le bon heur de cet ancien poëte qu'on ignore le nom de ses prédécesseurs ! Mais, pour soutenir leur dire injurieux, ces lecteurs inconsidérés ont recours à ce reproche vague et usé, toutes les fois qu'ils n'ont pas de prise sur un ouvrage, et qu'il ne leur est pas facile de détracter sa doctrine et le mérite de son auteur, et que, néanmoins, ils se sont proposé de le décrier, voulant, à quelque prix que ce soit, que l'auteur porte de leurs marques ; pour lors, ils attaquent de front sa réputation : « Eh bon Dieu ! s'écrient-ils, le grand mal qu'a eu cet auteur à rassembler tous ses matériaux ! Le malheureux a tout volé ! il n'y a pas seulement une page, une ligne, un mot, une syllabe, une lettre, une virgule, qui lui appartienne en propre ; nous sommes en état de vous montrer les livres et l'endroit même où il a pillé toutes ces idées que vous regardez comme miraculeuses.»

Or, pour prévenir une aussi injuste et gratuite censure, et pour épargner à certains critiques la peine de chercher dans les vieux auteurs, (dont les mânes puissent reposer en paix!) d'où l'on pourrait soupçonner que j'ai pris ce petit traité, je me suis déterminé à produire ici moi-même le peu de passages que j'ai trouvés par hasard sur cette matière; et, d'après cette explication, je laisserai décider, à qui le voudra, si c'est à tort que j'ambitionne le titre de seul et unique propriétaire de l'hypothèse singulière que je vous ai détaillée, et, au contraire, si le peu de passages qu'on pourrait trouver dans les auteurs qui ont vécu avant moi, est dans le cas de me faire renoncer à la primauté, ou plutôt à l'exclusif que je réclame.

Galien, dans son célèbre *Traité de la rougeole*[1], voulant donner à connaître l'origine de cette maladie, avance, comme un sentiment

[1] Ce passage de Galien ne se trouve pas dans son *Traité de la rougeole*, comme Johnson le dit ici, mais il se trouve dans son *Commentaire sur les dents du dragon de Cadmus*, où il démontre qu'il

reçu, que le genre humain en fut infecté par l'entremise d'une femme née sans le concours d'un père. Cependant, à bien prendre, il semble qu'il regarde cette idée comme une fable, qu'il traite même d'erreur ou vision populaire.

Hippocrate veut nous faire entendre très-sérieusement que sa mère selon ce qu'elle avait coutume de lui dire souvent, « n'avait eu aucun commerce charnel avec son père pendant près de deux années avant sa naissance; mais que, se promenant un soir dans son jardin, elle se sentit tout à coup agitée d'une façon surprenante, telle qu'elle ne pouvait elle-même l'expliquer, et que c'était de ce moment qu'elle comptait pour la naissance de son fils [1]; que,

n'est point surprenant qu'une dent jetée en terre puisse produire un homme. — Note de de Sainte-Colombe.

[1] Ç'a été de tout temps le faible des grands hommes d'ambitionner une naissance extraordinaire. L'émule du chantre d'Epicure, ce poëte de la Vérité, rival de celui de la Nature (M. le cardinal de Polignac, auteur de l'Anti-

d'un autre côté, son mari, peu indulgent et se croyant déshonoré, avait obtenu, d'après ce peu d'explications, son divorce avec elle, ce qui la fit tomber, mais bien mal à propos, dans le mépris, et succomber sous les reproches de tous ceux qui la connaissaient. » Quant à moi, j'espère que cet écrit vengera la mémoire de la mère d'Hippocrate de l'injuste infamie où elle a vécu, et que la tradition a pu y attacher pendant tant de siècles.

Si nous remontons aux âges fabuleux du monde, où tout s'embellissait, où même chaque chose paraissait comme s'agrandir par les ornements de la poésie, nous voyons diverses beautés de l'antiquité s'être trouvées mères par

Lucrèce), n'a pas été exempt de cette maladie. Il racontait souvent, et désirait qu'on le crût sur sa parole, que, comme un second Romulus, il avait été enlevé de son berceau, peu après sa naissance, et allaité assez longtemps par une bête fauve, jusqu'à ce que mille recherches l'eussent fait retrouver. — Note de de Sainte-Colombe.

des moyens si étranges, que je ne doute pas qu'elles dussent leur fécondité à ceux que je viens de décrire. D'où je me flatte qu'à l'avenir les commentateurs des anciens mythologistes adopteront mon système et se rendront à mes explications. En effet, comment une personne de bon sens pourrait-elle se figurer que Junon devint enceinte en mangeant un morceau de chou que Flore lui avait donné dans les plaines d'Olénie? En effet, il est bien plus simple d'imaginer que Junon, en cet instant, avait avalé quelques-uns de nos petits animalcules, et que, par une suite nécessaire de cet événement, elle devint mère de Mars [1].

[1] Johnson se trompe encore ici. Ce fut Hébé, et non Mars, qui dut sa naissance à des choux ou à des laitues. Junon devint mère de Mars par le seul attouchement d'une fleur que Flore elle-même lui indiqua.

L'endroit des Fastes d'Ovide auquel il fait allusion aurait dû le préserver de cette erreur :

« Protinus hærentem decerpsi pollice florem :
« Tangitur ; et tacto concipit illa sinu ;

Comment encore, sans l'aide de mon système, rendre compte de l'étrange conception de Danaé dans sa prison? Un ancien oracle avait prédit que son père devait avoir la gorge coupée par son petit-fils. Pour rendre vaine

« Jamque gravis Thracen et læva Propontidos intrat ;
« Fitque potens voti ; Marsque creatus erat. »
OVIDE, *Fastes*, l. v, v. 255.

Johnson aurait pu ajouter bien d'autres accouchements merveilleux qui, sans doute, lui ont échappé.

Vulcain, autre fils de Junon, dut le jour à un coup de vent ; Minerve sortit du cerveau de Jupiter à l'aide d'un coup de hache qu'il se fit donner sur le front ; Bacchus sortit de sa cuisse. Ce dieu affamé avait dévoré Métis, mère de Minerve, et Sémélé, mère de Bacchus. Ixion donna l'origine aux centaures pour avoir prodigué ses caresses à une légion de génies succubes, que les mythologistes ont jugé à propos de travestir en nuée. La naissance d'Orion fut accordée aux vœux d'un homme de bien, trop imbu des malheureux principes de l'*Hippolytus redivivus*. Cet homme, appelé Hiérée, reçut chez lui, le mieux qu'il put, trois dieux qui voyageaient ensemble. Ces dieux, pour récompenser leur hôte, lui firent à frais commun un héritier mâle, et trouvèrent pour cela le secret de se passer de femme : *in pellem bovinam semen injecerunt*. Ce dépôt fut caché pendant neuf mois dans du fumier, et, au bout de ce terme, Orion parut. — *Note* de de Sainte-Colombe.

cette prédiction, Acrisius enferma sa fille unique dans une tour d'airain, sans portes ni fenêtres et ne prenant jour que par la terrasse. Il était donc impossible que qui ce fût pût approcher de cette fille infortunée. Le vent seul pouvait avoir accès auprès d'elle. Cependant, nonobstant tant de précautions, la belle devint enceinte du grand Persée, qui accomplit l'oracle en mettant Acrisius à mort. Les poëtes, à la vérité, nous content sur ce fait une histoire peu vraisemblable, prétendant que Jupiter sut se glisser dans cette tour en forme de pluie d'or qui s'y introduisit par le toit. Or, on sent bien que ce n'est là qu'une fiction poétique inventée après coup, pour rendre raison d'un phénomène embarrassant, au lieu qu'il eût été bien plus simple de recourir, pour cette explication, à notre agent naturel et universel.

L'histoire de Borée, qui enleva une jeune héritière par la fenêtre d'un grenier, et qui lui fit un enfant, comme le décrit Ovide dans ses

Métamorphoses, est plus conforme à notre système et fixe absolument la manière dont cette fille conçut. On sait d'ailleurs que le privilége de la poésie est de personnifier tous les objets. Si donc une belle se trouva enceinte du vent, cet officieux agent méritait bien d'être divinisé [1]. J'avouerai néanmoins qu'il y a ici, selon les expériences constatées de mon système, sinon une erreur de fait par rapport au vent, du moins une méprise évidente sur sa qualité. Ce qui vient sans doute ou des négligences échappées aux poëtes qui nous ont transmis ce fait important, négligences que l'on a consacrées sous le beau nom de libertés poétiques ; ou, ce qui est encore plus simple, de

[1] C'est dans ce même sens que l'on doit interpréter ce qu'Ovide met dans la bouche de Flore, pour nous dire qu'elle fut ravie par Zéphyr :

« Ver erat, errabam ; Zephirum conspexit ; abibam :
« Insequitur ; fugio : fortior ille fuit. »

OVIDE, *Fast.*, liv. V, v. 201.

la faute de la dame même, qui put facilement se tromper touchant le côté du vent en racontant son aventure. En effet, il était naturel que l'agrément qu'elle avait eu lui eût fait tourner la tête, de manière à ne se plus rappeler d'où lui venait le vent.

Au surplus, nos principes bien établis, quand on lit les aventures de quelques nymphes engrossées par des fleuves, par des dragons, par des cygnes, des taureaux, des pluies d'or, on peut en conclure en général que ces faits n'étaient provenus que par le vent, plus ou moins singulièrement personnifié par les poëtes, faute d'avoir bien connu les circonstances de chaque événement. Et, en effet, il est naturel de voir que, souvent, dans l'ignorance où étaient ces filles de la véritable cause de leur grossesse, elles en assignaient d'imaginaires, et les poëtes, saisissant de leur côté un merveilleux si propre à faire fortune, les ont surchargées de tant d'anecdotes, ou menus de faits également déraisonnables, qu'à la fin on n'a plus regardé de purs effets naturels que comme des fables et des romans.

Si de ces âges allégoriques nous descendons aux siècles suivants, où l'histoire avait pris un style plus simple et un ton plus raisonnable, se contentant de dire la vérité sans détour, nous trouvons encore quelques autorités confirmant notre découverte.

Diodore de Sicile rapporte, suivant un très-ancien exemplaire de ses ouvrages qui m'a été communiqué par le savant et laborieux docteur T..., mon ami, qu'une certaine sorcière d'Égypte, parmi bien d'autres prestiges et opérations prétendues surnaturelles, se donnait pour avoir eu la faculté de devenir enceinte sans le secours d'aucun homme, et qu'à la faveur de cette prétention, elle voulut se faire passer pour la déesse Isis. Mais, malheureusement pour cette femme, un prêtre de Thol ou Mercure fut trouvé couché avec elle; d'où le merveilleux s'évanouit et la sorcière disparut.

Polybe rapporte une histoire qui revient plus directement à notre sujet; mais comme il n'en parle qu'avec la plus grande défiance, je ne veux point m'en prévaloir en faveur de mon système, crainte de donner un air de roman à cet ouvrage[1].

Enfin je terminerai cet article par un exemple pris dans les historiens romains. C'est Tite-Live qui me le fournit, concernant une femme que l'on disait être accouchée de deux jumeaux dans une île déserte où elle avait fait naufrage, et où elle n'avait aperçu aucune trace d'homme pendant l'espace de neuf ans avant sa délivrance. Cette histoire nous apprend que cette femme fut conduite à Rome, examinée par les matrones, et interrogée en plein Sénat. Mais comme les particularités de cette histoire sont

[1] Voir Polybe, liv. III, p, 230 : Θεορον δὲ κελτος δυσχεραινοντας... Voyant que les Celtes mêlaient avec peines, etc.»

trop longues et qu'elles pourraient paraître ennuyeuses à une partie de mes lecteurs, j'aime mieux renvoyer à l'original, livre cinquième de sa vaste histoire.

Voilà tout ce que j'ai pu rencontrer dans le cours de mes lectures et ce que j'ai jugé le plus digne d'être rapporté sur mon objet, comme pouvant répandre quelques lumières sur ma découverte et en confirmer d'autant l'hypothèse.

Mais ma plus puissante et ma meilleure ressource est l'illustre M. Warburton lui-même. C'est à ce grand génie qui décide avec tant de sagacité les vieux problèmes ainsi que les plus modernes controverses, c'est à lui que j'en appelle comme à un juge souverain, lui qui sait si bien jusqu'à quel point les auteurs sont jaloux de faire passer leurs productions pour originales. Je m'en rapporte donc à lui, et je me flatte qu'il décidera sans aucune partialité, nonobstant les citations que j'ai eu la bonne foi de rapporter, si je ne dois pas être regardé comme le premier auteur de la découverte de ce procédé merveilleux de la nature ; en un mot, si le mérite de cette invention ne m'appartient pas réellement et de plein droit.

C'est avec le plus profond respect que je nomme ici ce grand homme, auquel la nomenclature des historiens britanniques se fait honneur de donner aujourd'hui l'une de ses premières places. Quel service ne me rendrait-il pas, s'il voulait discuter ce sujet dans le premier volume de sa Légation divine, qu'il accordera au juste empressement du public, au cas qu'il daigne enfin obliger ses compatriotes en leur faisant part d'un ouvrage si fort attendu! Si cependant, par la fatalité de mon étoile, il ne lui restait plus de place pour moi, à raison des nombreuses digressions dont son livre sera rempli, (car enfin un volume ne peut pas tout contenir) j'ai la vanité de m'attendre à une lettre de sa part, par premier courrier, dans laquelle il me remerciera, suivant l'honnêteté de son usage de l'honorable mention que j'ai faite de lui, et pour commencer à lier connaissance entre nous, il me fera quelques compliments sur mes découvertes [1].

Mais pour rentrer plus particulièrement dans mon sujet principal, je crois devoir expliquer ici, avant de finir, les grands avantages que produira nécessairement la publication de cet écrit, et c'est aussi ce qui me doit mettre à l'abri du nom odieux d'homme systématique et de faiseur de projets, et placer mon nom avec celui de ces hommes illustres qui ont inventé tant d'arts utiles à la vie pour l'agrément et la commodité de leurs concitoyens [2].

[1] Warburton était le plus maussade des confrères, le plus acerbe des critiques et le plus hautain des juges. Johnson dut en être pour ses avances. Il s'y attendait sans doute.

[2] Inventas aut qui vitam excoluere per artes.
VIRG., Æneid., liv. VI, v. 663.

Ce que je ne cite ici que pour avoir une citation de

Et d'abord, je me flatte d'avoir mérité la reconnaissance de tout le beau sexe et ainsi d'en recevoir à l'envi les plus vifs remercîments, comme ayant désabusé le genre humain sur les fausses idées qu'on avait eues, en général, sur la manière prétendue unique dont on s'imaginait jusqu'ici que les femmes pouvaient devenir enceintes, et pour avoir révélé à toute la terre comment une fille peut se trouver en cet état, sans avoir donné la plus légère atteinte à la pureté de sa vertu. En effet, qui pourrait empêcher dorénavant toute personne du sexe de dire comme Junon : « Pourquoi perdrais-je l'espérance de devenir mère sans mari et d'enfanter chastement sans avoir eu commerce avec aucun homme ? »

Au lieu qu'avant cette sublime découverte, lorsque le monde était assez stupide pour supposer la conception une suite nécessaire d'un

plus et faire voir l'étendue et la sagesse de ma mémoire. (Note du premier éditeur.)

commerce charnel, combien de beautés n'ont-elles pas perdu bien innocemment leur réputation? Combien d'infortunées victimes immolées à la raillerie, au mépris, au courroux, à la vengeance de leurs parents ou de leurs maris? Combien d'aimables femmes, pour cette bagatelle, exclues des visites, bannies du jeu, leur si essentielle occupation, et montrées au doigt par des prudes laides, jalouses et ridicules, uniquement à raison du mince inconvénient d'être devenues enceintes avant le mariage? Mais cette découverte une foi répandue, (et combien ne sommes-nous pas tous intéressés à en étendre la publication!) il sera facile à toute jeune et belle fille de perdre ce qu'elle a de plus fragile, et ce semble de plus cher, sans perdre sa réputation et son honneur. Cet événement ne la contraindra plus. Elle continuera à se montrer à son ordinaire dans les promenades et dans les cercles, sans craindre ni calomnies ni reproches, pour avoir joui d'un plaisir aussi innocent. Aussi, est-ce bien le cas de se récrier avec le poëte romain : « Déjà l'inaltérable virginité, déjà l'âge heureux de Saturne, reviennent parmi nous; une race nouvelle nous est envoyée du ciel [1]. »

Un second et non moins grand avantage, qui viendra sans doute bientôt à résulter de ma découverte, est l'entière abolition du mariage, dont chez les peuples les mieux policés tout le monde se plaint depuis si longtemps, comme d'un fardeau insupportable, et comme d'un joug pesant opposé aux goûts variés de nos plaisirs modernes, et qui n'est propre qu'à détruire cette liberté que les gens de condition ont tant de raisons de revendiquer, et qui leur appartient de plein droit. C'est en effet à raison des entraves et des inconvénients si multipliés du mariage, que nous voyons tous

[1] Jam redit et virgo : redeunt Saturnia regna ;
Jam nova progenies cœlo dimittitur alto.
VIRG., *Egl.* V.

les jours notre première noblesse, les lords et les ladys, se livrer sans aucun frein à la débauche, afficher publiquement la discorde et la désunion qui règnent entre eux, se prostituer mutuellement, faire des divorces déshonorants, employer le fer et le poison, chercher réciproquement à se faire mourir de faim, s'étrangler et mettre en œuvre mille autres sortes de gentillesses de cette nature pour se délivrer de leurs fers et se tirer d'un esclavage plus affreux pour eux que celui de l'Egypte ne l'a été pour le peuple hébreu. Or, moi qui suis l'un des plus sincères admirateurs des grands, qui leur suis entièrement dévoué, qui suis toujours prêt à regarder comme juste et légitime tout ce qui vient de la bouche d'un homme de condition, je me regarde comme très-heureux d'être l'auteur d'un système qui sympathise si naturellement avec leurs désirs. En effet, à l'aide des conséquences de mon nouveau système, ils se verront débarrassés de la plus pernicieuse institution qui se puisse et qui n'est appuyée sur aucune autre autorité que celle des livres saints ; autorité aujourd'hui si surannée et proscrite à bon titre parmi les gens du bon air [1].

D'un autre côté, comme je suis sûr que les femmes n'hésiteront point à se prêter à la propagation de notre espèce, suivant la méthode que j'ai tracée, de préférence à l'ancienne, qui sans doute sera bientôt hors de mode, je puis les assurer qu'elles n'y perdront rien, et que le plaisir qu'elles recevront par la voie que j'indique sera tout aussi grand pour elles qu'il pouvait l'être par le commerce grossier de l'homme. En effet, je prie le beau sexe de remarquer, à l'avance, le goût qu'il a de tout temps fait paraître pour le doux zéphyr. Jusqu'ici, les dames ignoraient la vraie cause de ce singulier attrait,

[1] On sent assez la sage ironie de cette tirade pour qu'il ne soit pas besoin d'en avertir le lecteur. — Note du premier éditeur.

tout en ressentant les impressions délicieuses de ce vent amoureux; que sera-ce donc lorsqu'elles se livreront à ses influences de plein gré et en toute connaissance de cause?

Mais il est encore un autre avantage bien essentiel, sans doute le plus considérable de tous pour le genre humain; pour le décrire le moins mal possible, il me faut tremper ma plume dans l'encre la plus forte comme la plus précieuse. Il me faut ennoblir mon style et me servir quelques instants du flambeau de Prométhée. Un ordre plus noble et plus relevé de choses vient s'offrir à mes yeux, je vais manier un sujet de toute sublimité!

Major rerum enim nascitur ordo,
Majus opus moveo....

Il est une contagion plus qu'épidémique qui, dans ses ravages, a épuisé la spéculation et encore plus la pratique de tous les empiriques, de toute la médecine et de tous ceux qui, par état, se sont le plus empressés de venir au secours du genre humain. Avec le médecin vous l'appelez lues venerea, avec les apothicaires mal vénérien, avec nos dames anglaises le mal français, pox ou tout simplement vérole, avec nos aimables petits-maîtres. Elle est généralement connue sous tous ces noms; mais on lui donne encore une infinité d'autres titres et qualifications subalternes, qui désignent les divers degrés de ce venin destructeur. Il a, comme Alecton, mille noms, mille moyens de nuire.

.... nomina mille
Mille nocendi artes....

Les uns nous disent que Christophe-Colomb l'apporta de son Nouveau-Monde américain dans une boîte; ceux qui ne veulent pas aller chercher si loin la source originaire de cette sorte de peste, croient qu'elle appartient à la France, et prétendent qu'elle a été apportée dans nos trois royaumes avec tous ces colifichets, ces ajustements enfantins et ces modes désastreuses qui nous ont endettés comme nous le sommes, et nous rendent en quelque sorte tributaires de ce pays de luxe et de vaine coquetterie [1].

Mais si la véritable origine de ce mal est obscure, ses effets sont trop évidents : que n'ai-je ici la plume de Fracastor [2] pour peindre les funestes ravages que cette sorte de peste fait dans le corps humain ! Venez à mon secours, vous tous libertins usés, perdus de débauche, pendant qu'avec l'encre la plus noire j'essaie de peindre les dégâts de cette honorable maladie dont sont morts tant de vos ancêtres, et

[1] De Sainte-Colombe discute ces diverses origines dans deux notes assez longues. Nous les supprimons pour ne pas trop arrêter l'esprit de nos lecteurs sur un sujet qui n'est gai que dans Rabelais. Nous nous bornons à constater son opinion sur le rôle de Nessus : Nessus donna la vérole à Déjanire, qui la rendit à Hercule. Cette opinion n'est pas insoutenable.

[2] On connaît son poëme, *Syphilis*.

dont, par une vanité si bien entendue, vous faites vous-mêmes aujourd'hui parade avec tant d'ostentation dans les tavernes et les cafés, pour le plus grand avantage de la vertu et de la saine morale.

Dites, illustres et perclus débauchés, car vous savez par expérience avec quelle rapidité le fatal poison de cette infâme maladie se répand dans le corps, dites-nous comment il mine les dents, ronge le nez, dévore les chairs, pourrit les os et empoisonne jusqu'à la moëlle de l'épine. Instruisez-nous aussi, enfants du plaisir, vous à qui l'expérience a sans doute appris comment ce mal se répand de toutes parts par contagion, et comment il opère par communication. Quelques maris le donnent à leurs femmes; plus souvent les femmes en font présent à leurs maris. Dans tous les cas, non-seulement il produit les plus mauvais effets pendant la vie, mais il ne s'éteint pas à la mort des pères. Il revit encore dans leur postérité ; il y prend des forces nouvelles, il descend aux héritiers des grandes maisons par accroissement de succession, et il n'est même que trop souvent le seul héritage d'un sang noble et ancien, mais corrompu et dépravé. De là provient une race énervée, faible dans sa constitution, plus faible encore d'esprit que de corps, race efféminée, chétive, difforme, impotente, et qui porte tracée sur sa figure en caractères bien lisibles et ineffaçables l'empreinte des crimes de ses aïeux et l'arrêt irrévocable de sa propre condamnation. Ces faibles avortons qu'on renverserait d'un souffle, ont néanmoins la sotte arrogance de marcher tête levée dans le Mail armés d'un fer oisif et virginal, et ils se figurent être des hommes! Hélas! les femmes de chambre de leurs mères feraient des hommes qui leur seraient bien supérieurs. Aussi n'était-ce pas d'une pareille race qu'était sortie cette vaillante jeunesse qui a teint la mer du sang de nos ennemis [1].

En vain, pendant plusieurs siècles, les enfants d'Esculape ont-ils constamment attaqué cette maladie si terrible dans ses effets et si pernicieuse dans ses suites. Mercure [2] a épuisé sur elle tout son pouvoir. Ses divines influences n'ont pu surmonter celles de ce cruel poison. Les salivations ont été sans effet, et Ward avec ses fameuses pilules est à Whitehall cloué tristement dans son fauteuil, au désespoir de se trouver lui-même vaincu par ce mal invincible : Infelix Theseus sedet, æternumque sedebit.

Mais ce que ni les efforts de la médecine, ni les opérations des chirurgiens, ni les dragées,

1 Non his juventus orta parentibus
Infecit æquor sanguine Gallico,
HORAT., liv. III, ode 6.

2 Depuis César, les Bretons : « Deum maxime Mercurium colunt. » — Cette divinité n'a donc pas perdu de son crédit chez leurs descendants.

ni les bols, ni les pilules des empiriques n'ont pu faire jusqu'à présent, ce que les plus célèbres gradués de nos Facultés n'ont jamais pu obtenir, je le ferai moi seul, d'une manière sûre, aisée, effective, sans contrainte, sans effort (absit superbia dicto) ; on peut m'en croire sur parole. Rien, en effet, de plus facile, au moyen de mes nouvelles expériences, que de chasser pour jamais cette infâme contagion des États de Sa Majesté britannique. Pour peu que tout ce qui porte une figure femelle, car je n'ose pas donner à toutes les personnes de ce sexe le beau nom de femmes, enfin si toutes celles d'entre elles qui sont encore honnêtes, veulent consentir à se priver des caresses infectées des hommes, seulement pendant une année, ce que j'estime être une proposition d'autant plus modeste et plus raisonnable, que je leur offre, en échange de ce qu'elles peuvent perdre par cette privation, un dédommagement dont elles n'auront qu'à se louer, il est certain que cette infâme peste cessera bientôt parmi nous.

Aussi demandé-je très-humblement et avec toute la soumission possible aux très-honorables lords du Conseil privé et je laisse à leur prudence consommée et à leur jugement à prononcer si ce ne serait pas ici le cas de faire rendre un Édit royal pour défendre tout commerce charnel de l'un à l'autre sexe, dans l'étendue des trois Royaumes pendant le court espace d'une année entière à commencer au premier mai prochain, afin d'arrêter le plus promptement possible les progrès et la simple communication d'une contagion plus fatale que celle qui emporte nos bêtes à cornes et qui mérite également l'interposition de l'autorité suprême.

Quelques-uns de ces censeurs fertiles en objections et déprimant à l'envi tout ce qui n'est pas de leur invention, pourront vous inspirer quelques doutes sur la meilleure constitution de la race future provenant par ma méthode.

Ils demanderont si nos enfants deux fois distillés en passant à l'ordinaire par les vaisseaux séminaires tant de l'homme que de la femme, suivant la voie actuelle de la génération, ne doivent pas être nécessairement plus forts et plus vigoureux, comme participant des deux sexes, que ne le seront les enfants qui ne seront distillés qu'une seule fois et qui ne prendront leur première nourriture que dans la matrice de la femme dont le tempérament et toute l'habitude du corps ont des caractères de faiblesse si bien reconnus.

Pour démontrer le faux d'un pareil raisonnement, ou plutôt d'un si sot préjugé, il me serait facile de produire nombre d'arguments invincibles tirés des profondeurs de la philosophie ; mais je préfère répondre à cette question par une autre qui fera sentir tout le ridicule de cette objection de nos censeurs désœuvrés.

Je demande donc si la race actuelle des

pères, surtout de ceux d'une condition élevée ou qui ont une fortune assez considérable, en un mot, si la race énervée, dont j'ai, il y a quelques instants, ébauché les premiers traits, est bien en état d'avoir des enfants et de nous donner une postérité plus saine et plus robuste que celle de leurs propres pères ?

Au contraire, qu'on laisse les femmes engendrer d'elles-mêmes. Que le mal contagieux qui abâtardit notre race soit entièrement extirpé d'entre nous, on verra que nous pouvons espérer des descendants sains et vigoureux ; la valeur britannique reprendra son ancien lustre. De nouvelles journées de Crécy, d'Azincourt et de Blenheim viendront encore orner nos annales et le grand Henri ne sera pas le dernier conquérant qu'ait produit l'Angleterre.

Aussi comme je ne doute aucunement que mon système soit reçu avec empressement et que je suis assuré du plus prompt succès, je me propose de demander incessamment un privilége exclusif, pour m'assurer seul les avantages d'une aussi précieuse découverte. Dans cette vue, j'ai même déjà loué une maison vaste et commode en Hay-Market. Là je me ferai un vrai plaisir de recevoir toute personne du sexe qui sera curieuse d'engendrer seule et ainsi d'avoir des enfants par elle-même sans l'aide d'aucun homme. Pour la commodité du public, et surtout pour favoriser celles de nos dames qui rougiraient de tenter des premières mes expériences, je ne commencerai d'abord à ouvrir mes séances que depuis sept à huit heures du soir jusque vers les deux heures du matin; et si celles qui me feront l'honneur de me venir trouver veulent se soumettre avec docilité à mes instructions, j'assurerai leur grossesse pour le temps qu'elles désireront, en calculant depuis l'heure qu'elles m'auront favorisé de leur confiance.

Que nos femmes daignent donc une bonne fois réfléchir que l'honneur, la gloire et les vrais intérêts de la Grande Bretagne sont actuellement entre leurs mains. Il ne tient qu'à elles de relever notre ancienne vigueur, et de renouveler et améliorer la race anglaise! Qu'elles se livrent à l'envi à ce grand œuvre, elles deviendront célèbres dans l'histoire comme les propagatrices du vrai héroïsme et les fondatrices d'un nouveau peuple. Leur mémoire passera à la postérité avec encore plus d'éclat que celle de ces Spartiates et de ces Romaines dont les faits galants pour l'intérêt de leur patrie dans des temps malheureux, ont mérité tant de louanges par les poëtes et les historiens.

C'est donc à vous, MESSIEURS, que j'ai cru devoir principalement m'adresser pour donner faveur à ma découverte, en la prenant plus particulièrement sous votre puissante protection. C'est sur l'illustre Société, dont vous êtes membres, que tous les savants ont les yeux ouverts, comme sur de justes appréciateurs du mérite des inventions vraiment utiles. C'est donc avec confiance que je soumets cet ouvrage à votre sagacité et à vos lumières. Sans doute, il aura l'avantage de vous plaire, tant par son but que par ses conséquences. Je me flatte que vous daignerez le consigner dans vos Registres et l'annoncer au public avec toute la chaleur qui convient aux Promoteurs des Sciences utiles, aux Patrons des Arts et aux Arbitres de la Vérité.

Je suis, avec tout le respect possible, etc.

MESSIEURS,

Votre très-humble, très-obéissant et dévoué serviteur.

Abraham JOHNSON.

PIÈCES JUSTIFICATIVES

I

ARRÊT NOTABLE

DE LA COUR DU PARLEMENT DE GRENOBLE

Donné au profit d'une demoiselle, sur la naissance d'un sien fils, arrivée quatre ans après l'absence de son mari, et sans avoir eu connaissance d'aucun homme suivant un rapport fait en ladite Cour par plusieurs médecins de Montpellier, sages-femmes, matrônes, et plusieurs autres personnes de qualité convenable.

Entre Adrien de Montléon, Seigneur de la Forge, et Charles de Montléon, Écuyer, Seigneur de Bourglemont,

Gentilhomme ordinaire de la Chambre du Roi, Appellans et Demandeurs en requête du 26 octobre, tendante à ce qu'il fût dit que l'enfant duquel était alors enceinte Magdeleine d'Auvermont, épouse de Jérôme de Montléon, Seigneur d'Aiguemère, fût déclaré fils illégitime d'icelui Seigneur son mari, et qu'en ce faisant, lesdits Appelans et Demandeurs seraient déclarés seuls héritiers et habiles à succéder audit sieur d'Aiguemère, d'une part; et ladite Magdeleine d'Auvermont, Intimée et Défenderesse à l'intervention de ladite requête, d'autre part; et encore Claude d'Auvermont, Écuyer, Seigneur de Marsaigne, tuteur d'Emmanuel, jeune enfant depuis né, et ladite d'Auvermont sa mère, intervenant avec maître Gilbert Malmont, avocat en cette cour, élu pour subrogé tuteur et curateur audit Emmanuel, d'autre part. Vu les pièces d[illegible]ions et sentence dont est appel, les requêtes desdits de la Forge et Bourglemont, contenant, entre autres choses, qu'il y a plus de quatre ans que ledit seigneur d'Aiguemère n'a connu charnellement ladite dame Magdeleine d'Auvermont son épouse, ayant icelui Sieur son mari, en qualité de capitaine de chevau-légers, servi au régiment de Cressensault. Défenses de ladite dame d'Auvermont, au bas desquelles est son affirmation faite en justice par devant Melinot, Greffier en cette cour, soutenant qu'encore que véritablement ledit sieur d'Aiguemère n'ait été de retour d'Allemagne, et ne l'ait vue ni connue charnellement depuis quatre ans, néanmoins que la vérité est telle, que ladite dame d'Auvermont s'étant imaginée en songe la personne et l'attouchement dudit sieur d'Aiguemère son mari, elle reçut les mêmes sentiments de conception et de grossesse qu'elle eût pu recevoir en sa présence, affirmant, depuis l'absence de son mari pendant les quatre ans, n'avoir eu aucune compagnie d'hommes, et n'ayant pourtant pas laissé de concevoir le dit Emmanuel ; ce qu'elle croit être advenu par la seule force de son imagination, et partant demande réparation d'honneur avec dépens, dommages et intérêts. Vu encore l'information, en laquelle ont déposé dame Elisabeth d'Ailberiche, épouse du Sieur Louis de Pontrinal, Sieur de Boulogne; dame Louise de Nacard, épouse de Charles d'Albret, Ecuyer, sieur de Vinage ; Marie de Salles, veuve de Louis Grandsault, Écuyer, Seigneur de Vernouf, et Germaine d'Orgeval, veuve de feu Louis d'Aumont, vivant Conseiller du Roi, et Trésorier Général de la Chambre des Comptes de cette ville, par la déposition desquelles il résulte qu'au temps ordinaire de la conception, avant la naissance dudit Emmanuel, ladite dame d'Auvermont, épouse du Sieur d'Aiguemère, leur déclara qu'elle avait eu lesdits sentiments et signes de grossesse, sans avoir eu compagnie d'hommes, mais après l'effort d'une forte imagination de l'attouchement de son mari, qu'elle s'était formée en songe; ladite déposition contenant, en outre, que tel accident peut arriver aux femmes, et qu'en elles-mêmes telles choses leur sont avenues, et qu'elles ont conçu des enfants, dont elles sont heureusement accouchées, lesquels provenaient de certaines conjonctions imaginaires avec leurs maris absents, et non de véritable copulation. Vu l'attestation de Guillemette Garnier, Louise d'Artault, Perrette Chauffage et Marie Laimant, matrônes et sages-femmes, contenant leurs avis et raisons sur le fait que dessus, et dont est question, lecture faite aussi du certificat et attestation de Denis Sardine, Pierre Meraupe, Jacques Gaffié, Jérôme de Révisin, et Eléonor de Belleval [1],

[1] L'École de Montpellier s'est toujours distingnée par son dévouement à la doctrine animiste.

médecins en l'Université de Montpellier; informations faites à la requête du Procureur général. Tout considéré, LA COUR ayant égard aux affirmations, certificats et attestations desdites femmes et Médecins dénommés a débouté et déboute lesdits de la Forge et Bourglemont de leur Requête, ordonne que ledit Emmanuel est et sera déclaré fils légitime, vrai héritier du dit Seigneur d'Aiguemère; et, en ce faisant, ladite Cour a condamné lesdits Sieurs de la Forge et Bourglemont à tenir ladite d'Auvermont pour femme, de bien et d'honneur dont ils lui donneront acte, après la signification du présent Arrêt, nonobstant l'absence du Sieur d'Aiguemère, ni autre chose proposée au contraire par lesdits Sieurs de la Forge et Bourglemont, dont ils sont déboutés, sans dépens des causes principales et d'appel, attendu les qualités des parties. Fait en Parlement, le 13 février 1537.

II

Laissant à part la morale de cet écrit, examinons un instant si le système de l'auteur a, je ne dis pas quelque sorte de vraisemblance, il serait facile de rapporter en sa faveur diverses autorités puisées dans les meilleurs ouvrages des savants de nos jours, et entre autres dans les Transactions philosophiques, dans les Acta Eruditorum, dans les Mémoires de notre Académie Royale des Sciences, dans l'Histoire naturelle de M. de Buffon, etc., mais comme cette sorte de discussion nous mènerait trop loin, et d'ailleurs que les citations qu'il serait nécessaires d'employer donneraient à ces dernières réflexions un air de prétention trop recherché, nous nous en tiendrons ici à une seule observation, mais bien capable, selon nous, d'assurer à ce système sinon le mérite de la nouveauté, du moins celui d'une plus que vraisemblance.

M. Castet, chirurgien de réputation à Bordeaux, homme de lettres et secrétaire de l'Académie de cette même ville, dans une lettre par lui directement adressée à MM. les auteurs du Journal des Savants (décembre 1751), d'après un mémoire qu'il avait lu dans une séance publique de son Académie, rapporte un fait ayant le plus grand trait au système actuel des animalcules. Il est vrai qu'il tente de lui donner une tout autre explication, peut-être faute d'avoir eu aucune notion de la découverte de ce système physique. Nous laissons au lecteur impartial à prononcer en faveur de l'une ou de l'autre solution de ce problème.

Il s'agit donc, dans le mémoire de cet Académicien de Bordeaux, d'un kyste, ou enveloppe membraneuse, renfermant un paquet de cheveux déjà assez longs, par lui trouvé comme adhérent à l'ovaire d'une femme, ou plutôt n'y tenant plus que par une espèce de sinus ou ramification, au moyen duquel il en tirait sa nourriture. Ce kyste semble avec raison à l'auteur être un reste de fœtus formé dans l'ovaire, et qui, après avoir pris une vraie forme (puisque la tête était pourvue de cheveux), est venu ensuite à avorter par quelque cause accidentelle inconnue et totalement étrangère aux inductions qu'on en peut tirer. Effectivement M. Castet conclut seulement de cette observation, qu'elle doit servir de preuve à la conjecture particulière de M. de Buffon, que l'on doit uniquement attribuer à la liqueur séminale de la femme tous les corps singuliers qui se trouvent dans les ovaires, en sorte que cette liqueur a la vertu et l'efficacité de produire d'elle seule des os et même des masses de chair, sans pouvoir néanmoins produire un corps complet et parfaitement organisé, que par le concours de l'homme.

On juge bien que ces dernières lignes sont plutôt l'expression de la timidité de l'auteur que de la première pensée qui doit être venue plus naturellement à l'esprit, à l'ouverture de ce kyste singulier. En effet, n'était-il pas plus simple, en voyant un reste de fœtus encore adhérent à l'ovaire, d'en tirer l'induction que la femme peut, par elle-même, donner naissance à un corps complet. Mais comme cet aveu aurait trop favorisé le système de la génération solitaire, M. Castet, ainsi que M. de Buffon ont invoqué l'admission du concours de l'homme, comme seul capable de donner la perfection d'existence, la respiration et la vie.

Si l'on prétendait que, dans le cas de l'existence de ces molécules organiques, elles seraient tout au moins d'une structure de la plus grande délicatesse et que leur frêle existence ne pourrait résister aux impressions des sucs dont les viscères sont imprégnés, on serait bien forcé d'admettre que cette objection n'est que spécieuse, et qu'elle s'anéantit d'elle-même par un grand nombre d'observations particulières que nous fournissent d'ailleurs les plus habiles scrutateurs de la nature. On y voit que non seulement des plantes ont germé et poussé des tiges dans l'estomac de ceux qui en avaient avalé des graines, mais encore que le c o i n de divers insectes et même le f r a i des grenouilles ont donné naissance dans les corps humains, aux animaux qu'ils renfermaient et qui ont été rejetés tout vivants. A quoi d'ailleurs attribuer les vers auxquels les enfants sont si sujets et surtout cet hydre intérieur, ce ver solitaire que nous rejetons presque tous, plus ou moins proche du temps de notre pleine puberté, et quelquefois même beaucoup plus tard?.....

III

Nous ne discuterons pas ce surcroît de raisons et de preuves données par de Sainte-Colombe, nous nous bornerons à y ajouter un extrait d'un rapport que nous trouvons dans le J o u r n a l d e s D é b a t s e t l o i s d u p o u v o i r l é g i s l a t i f e t d e s a c t e s d u p o u v o i r e x é c u t i f, du 26 vendémiaire, an XIII.

« M. Dupuytren, chef des travaux anatomiques de l'École de médecine, a fait à la Société, au nom d'une commission composée de MM. Cuvier, Richard, Alphonse Leroy, Baudeloque et Jadelot, un rapport sur le fœtus trouvé dans le ventre du jeune Bissieu, de Verneuil (département de l'Eure).

Amédée Bissieu s'était plaint, dès qu'il avait pu balbutier, d'une douleur au côté gauche : ce côté s'était élevé et avait présenté une tumeur, dès les premières années de sa vie. Cependant, ces symptômes avaient persisté sans empêcher le développement physique et moral de cet enfant, et ce n'est qu'à l'âge de treize ans que la fièvre le saisit tout-à-coup. Dès lors, sa tumeur devint volumineuse et très-douloureuse. Au bout de trois mois, une sorte de phthisie pulmonaire se manifesta. Peu de temps après, le malade rendit par les selles un peloton de poils, et, au bout de six semaines, il mourut dans un état de consomption des plus avancé.

A l'ouverture de son corps, faite par MM. Guérin et Bertin des Mardelles, on trouva dans une poche adossée au colon transverse, et communiquant alors avec lui, quelques pelotons de poils et une masse organisée, ayant plusieurs traits de ressemblance avec un fœtus humain. Ce premier point établi, il était de la plus haute importance de déterminer la position de la masse organisée et le lieu où elle s'était développée. L'examen des pièces remises à la Société, par M. Blanche, chirurgien à Rouen, ne laisse aucun doute qu'elle ne fût renfermée dans un kyste, situé dans le mésocolon transverse, au voisinage de l'intestin colon et hors des voies de la digestion. A la vérité, ce kyste communiquait avec l'intestin; mais cette communication était récente et en quelque sorte accidentelle.

La dissection de cette masse, faite avec un soin extraordinaire, y a fait découvrir la trace de quelques organes des sens : un cerveau, une moëlle épinière, des nerfs très-volumineux, des muscles dégénérés et une sorte de matière fibreuse; un squelette composé d'une colonne vertébrale, d'une tête, d'un bassin et de l'ébauche de presque tous les membres. L'existence de ces organes suffit certainement pour établir l'individualité de cette masse organisée, quoique d'ailleurs elle fût dépourvue des organes de la digestion, de la respiration, de la secrétion des urines et de la génération; seulement, l'absence d'un grand nombre d'organes nécessaires à l'entretien de la vie doit le faire regarder comme un de ces fœtus monstrueux destinés à périr au moment de leur naissance.

Ce fœtus étant hors du canal alimentaire, on ne pouvait pas admettre qu'il eût été introduit dans le corps du jeune Bissieu après sa naissance. Le sexe du jeune Bissieu, bien constaté par MM. Delzeuze et Brouard, sur l'invitation de M. le préfet de l'Eure, ne permettait d'ailleurs ni de penser qu'il eût été fécondé, ni qu'il eût pu se féconder lui-même.

Les faits qui servent de base au rapport conduisaient naturellement à des idées différentes de celles-là : l'indisposition à laquelle le jeune Bissieu était sujet depuis son enfance; la nature des symptômes qui la caractérisaient; ceux de la maladie qui lui a succédé immédiatement, et les faits découverts à l'ouverture du corps sont tellement liés qu'il est impossible de ne pas voir entre eux une dépendance nécessaire, et de ne pas admettre que ce jeune infortuné a porté en naissant la cause de la maladie à laquelle il a succombé au bout de quatorze ans seulement.

Mais en admettant que ce fœtus soit contemporain de l'individu auquel il était attaché, il reste toujours une grande difficulté à lever, celle de sa situation dans le mésocolon transverse... Il n'est pas rare de voir des jumeaux naître accolés par le dos, etc... Une compression plus ou moins forte, exercée par les organes de la mère sur des embryons extrêmement mous, peut produire ces monstruosités; dans d'autres cas, les jumeaux sont tellement identifiés, que les organes sont communs et servent à la fois à la vie des deux. Dans le premier cas, la cause est mécanique; dans le second, c'est un vice d'organisation des germes... Dans le cas du jeune Bissieu, ou bien des deux germes d'abord isolés l'un a pénétré l'autre par l'effet de quelque action mécanique, ou bien, par une disposition primitive dont il serait aussi difficile de rendre raison que de tout ce qui a trait à la génération, ils se sont trouvés entre eux dans les rapports où on les a vus par la suite.

. . . .

Ce fœtus a été nourri aussi longtemps qu'a duré la vie de celui qu'on doit regarder comme son frère; l'absence de toute essence d'altération putride dans son corps, et la perméabilité de ses organes de la circulation ne laissent aucun doute à cet égard; le défaut des organes de la digestion ne fournit point une objection contre la vie de ce fœtus, puisque ces organes, simplement nourris dans les fœtus ordinaires, n'exercent leurs fonctions qu'après la naissance. Mais cette vie a dû se composer d'un très-petit nombre de fonctions, à cause de la structure particulière de ce fœtus; les seuls organes de la circulation exerçaient chez lui une action nécessaire à la vie de tous les autres; ils prenaient et donnaient nécessairement le sang du mésocolon au fœtus et du fœtus au mésocolon.

La Société de l'École de Médecine a arrêté que le rapport serait inséré en entier dans le premier volume de ses œuvres, ainsi que les dessins faits sur toutes les parties du corps du fœtus par MM. Cuvier et Jadelot. »

Nous laissons au lecteur, bien pénétré de la doctrine de Johnson le soin de trouver la véritable explication de ce phénomène.

CONCUBITUS SINE LUCINA

Optat supremo collocare Sisyphus in monte saxum.

HORAT.

MONSIEUR,

EN lisant la brochure dont il vous a plu de récréer le public, il y a quelques semaines, j'ai formé le dessein de vous faire part des réflexions que j'ai faites, et sur le fond de votre ouvrage, et sur la façon dont vous l'avez traité.

N'appréhendez de ma part, MONSIEUR, ni médisance, ni jalousie : ces défauts n'entrent pour rien dans mon caractère ; c'est l'amitié la plus sincère et la plus vraie, qui me détermine à vous écrire, et j'ose me flatter que vous en reconnaitrez les traits dans le cours de cette lettre.

Quoique l'application que vous avez faite de vos talents, dans cette occasion, dût m'en donner une idée assez médiocre, je ne peux m'empêcher de les admirer ; et pour vous prouver à quel point je les respecte, j'avouerai sincèrement et sans flatterie que je vous en crois de suffisans pour devenir un digne membre de cette Société, que vous vous efforcez de tourner en ridicule.

Vous avez, MONSIEUR, traité un sujet glorieux, mais vous avez échoué dans les conséquences que vous en avez tirées. Vous avez fait briller aux yeux du public une faible étincelle du degré de lumière, jusqu'auquel la raison et l'expérience peuvent être poussées en fait de génération ; mais vous avez laissé, pour ainsi dire, à un autre, le soin de donner une forme à votre projet, de le rendre aussi agréable et récréatif, qu'utile et avantageux aux seules personnes qui peuvent le mettre à exécution.

Après tous vos soins et tous vos travaux, ce n'est pas nous, mon cher docteur, ce sont les dames, qui doivent mettre votre nouvelle méthode en pratique, et je suis bien aise de vous avertir que, quelque faveur qu'elle prenne parmi les savants, elles l'honoreront toujours d'un souverain mépris. Elles sont convaincues que la génération d'un enfant exécutée suivant l'ancien usage, (usage auquel on s'est conformé jusqu'à ce jour, grâce à la stupidité du genre humain, et à la privation où l'on a été d'un aussi grand homme que vous) est indispensablement accompagnée de deux circonstances qui en font la base. La première, de l'aveu de toutes, est la merveille du monde la plus digne de leur curiosité ; et la seconde, ...vous me dispenserez de vous la détailler ; mais vous m'entendez assez pour conclure que les dames ne vous choisiront pas pour leur avocat. Auront-elles tort de ne pas applaudir à votre projet, et doivent-elles avoir bien de l'obligation à un homme qui a trouvé le moyen de leur interdire la présence du dieu qui fait, avec raison, le plus cher objet de leur culte dans cette opération, et de ne leur laisser que les désagréments de l'effet sans les faire participer aux plaisirs de la cause?

Elles ont à peu près, MONSIEUR, de vos zéphirs voluptueux, destinés à remplir leurs moments de récréation, la même opinion qu'un auteur affamé peut avoir du vent de bise qu'il respire dans le Parc, lorsqu'il se sent tout l'appétit qu'on peut désirer pour faire honneur à un excellent dîner, et que le mauvais succès de sa dernière brochure le met hors d'état de s'en procurer un, même fort frugal. Elles laissent, à ce qu'elles disent, ces ravissements aériens, à des esprits aussi légers que celui qui veut les mettre en faveur, et elles sont déterminées, si, par hasard, votre plan était accueilli des supérieurs, à mourir vierges, et à renoncer à la propagation de l'espèce humaine, plutôt que de sacrifier le plus réel de tous les plaisirs à vos espérances imaginaires.

C'était avec un chagrin inexprimable que j'entendis tous ces raisonnements, à l'assemblée, chez Madame...... J'avais d'abord conçu pour votre système (tout imparfait qu'il est) l'amour que vous pouvez avoir ressenti vous-même, lorsque vous en avez eu la première idée. Mais je trouvais un obstacle insurmontable à son exécution. Je ne pouvais m'empêcher de conclure, qu'il nous était impossible d'avoir des enfants, si nous n'avions point de mères, et que l'influence de tous vos zéphirs était inutile, si les femmes s'obstinaient opiniâtrement à ne point en respirer le souffle prolifique.

Rempli de toute la mélancolie d'un homme qui voit échouer son projet, je m'en retournai chez moi, le cœur attendri sur votre sort. Cent fois je réfléchis sur la gloire que vous auriez méritée, si ce système que vous proposez avait pu être mis en pratique, et cent fois je maudis le sexe féminin, dont le goût invariable pour les plaisirs solides avait fait échouer votre découverte. J'étais dans ma bibliothèque, en proie à ces tristes réflexions, lorsque, poussé d'un mouvement de colère, dont je ne fus point le maître, je me levai précipitamment de mon siége, et, donnant un vaillant coup de poing sur les livres qui se trouvèrent à ma portée, j'en pris une douzaine, que je lançai avec fureur dans le feu : Brûlez, leur dis-je, et subissez le supplice que vous méritez ! Indignes et méprisables productions de l'esprit des hommes, soyez réduites en cendres !... J'allais continuer mes apostrophes contre la plupart des écrits, lorsque j'aperçus que la première victime, qui, au milieu des flammes dévorantes, présentait son titre à mes yeux, était l'ouvrage merveilleux d'un des membres de notre illustre Société, dans lequel ce savant instruit le public d'un nouveau moyen de faire éclore les œufs.

Tout ce qui portait l'image et le caractère de génération avait acquis le droit d'affecter mon esprit. Je me saisis du premier vase que je trouvai sous ma main, je le répandis sur ce feu destructeur, et ayant précipitamment saisi les débris embrasés de ce traité merveilleux, j'en étendis soigneusement devant moi les feuillets l'un après l'autre, et je fus animé, transporté d'admiration et d'étonnement en lisant dans cet auteur, qu'un certain Diodore de Sicile « qui avait longtemps voyagé chez les « Egyptiens, pour apprendre leurs secrets, « avait découvert entr'autres curiosités, qu'ils « possédaient l'art de faire éclore, sans le con- « cours des poules, un si grand nombre de « poulets, qu'ils les mesuraient et les vendaient « au boisseau à très-bon compte. »

J'avais à peine parcouru une partie de ce livre, qu'une légère étincelle de quelque chose, que je ne peux pas bien définir, commença à pétiller dans mon âme : mon cœur palpitait de joie, en lisant l'éloge qu'il fait des filles de l'Enfant Jésus, et la description qu'il donne de l'utilité qu'on pourrait retirer des fours des boulangers et des pâtissiers ; mais je sentis redoubler ce transport, lorsqu'il vint à parler des tonneaux et du fumier. Je donnai carrière à mon imagination ; je songeai que ce fumier, répandu dans nos campagnes, sert à faire croître cette nourriture solide qui nous donne une seconde vie, et, par un effort de raisonnement que bien peu de personnes possèdent, et dont je suis particulièrement redevable au soin que j'ai de me trouver assidûment à toutes les assemblées de la Société royale, je parvins à conclure aussi sûrement que deux et deux font quatre, qu'un tonneau pouvait parfaitement bien faire les fonctions de la matrice, et qu'il était aussi facile de faire naître des hommes que des poulets, par le secours du fumier.

Préparez-vous Monsieur, à me suivre dans mon système, système fondé sur une façon de raisonner trop brillante, pour être contestée par les ignorants, et que vous conviendrez être autant supérieure à la vôtre que, pour me servir des termes d'un fameux auteur, la lumière l'est à l'obscurité.

Réjouissez-vous, habitantes de la Grande-Bretagne : oubliez pour toujours les Johnson, les Haymarket, etc. Venez à Cold-Bath-fields : demandez hardiment Richard Roë, et vous verrez un homme dont l'intention est de vous dispenser des inconvénients de la grossesse, et des douleurs de l'enfantement. C'est là que le plaisir revêtu de tous les traits de la réalité (et non pas un amusement frivole, l'ombre d'un bonheur imparfait), sera mis en usage pour satisfaire vos désirs; vous y verrez les bosquets plantés de cet arbuste prolifique, dont les dimensions et les propriétés ont été si élégamment décrites dans un mémoire présenté il y a quelques années à notre Société. C'est là que l'Arbre de Vie fleurit éternellement; c'est là que sans la moindre inquiétude sur votre réputation vous pouvez déposer le fruit indiscret de vos plaisirs, sinon aussi agréablement du moins aussi aisément que vous en avez reçu le principe ; c'est chez moi que vous pouvez jouir sans restriction du souverain bien, et cesser de souiller vos âmes du péché d'homicide, pour me servir du terme que le docteur Short a employé, pour caractériser les précautions criminelles que vous exigez de la plupart de vos amants.

C'est, en un mot, dans ma maison, que vous trouverez la solution de ce fameux problème d'Erasme, adressé tant de fois à la divinité terrestre qui chérit le premier point de cette opération, aussi souverainement qu'elle en déteste le second.

Ne rougissez point ô B. si l'u t i n a m e x i r e t t a m f a c i l e q u a m i n i i s s e t de cet auteur (en parlant de l'enfant dont la femme d'un ministre était enceinte), a été pour vous un paradoxe inexplicable; c'était à moi qu'il était réservé de mettre en pratique une chose que cet auteur avait regardée comme le souhait d'une imagination déréglée. En un mot, MONSIEUR, j'ai découvert une méthode par laquelle ce petit embryon, qui existe en conséquence du plus sensible de tous les ravissements, peut sortir aussi sainement et aussi aisément de ce cachot ténébreux, que le souffle amoureux de vos zéphyrs peut y pénétrer.

Rempli de la réussite certaine de mon projet, et frappé de l'idée des avantages qui devaient en résulter pour ma patrie, je quittai mon logement de ville, et je me retirai dans un quartier où les loyers sont à beaucoup meilleur compte : je fis aplanir un terrain assez spacieux, que je fis entourer de murailles, et je disposai de côté et d'autre des fours, ou plutôt des matrices artificielles, dont l'usage devait être de recevoir cette charge précieuse que les faveurs de l'amour accompagnent, et qui devait par conséquent rendre aux dames cet état d'innocence dont elles jouissaient avant qu'elles se fussent exposées à avoir besoin de mes conseils. Pour m'expliquer en termes plus intelligibles, je disposai dans les allées de mon jardin des couches de fumier, j'y ajustai des barils, des tonneaux, des poinçons, des pipes et des foudres; des récipiens, en un mot, de toutes grandeurs, afin d'en avoir de proportionnés aux différentes tailles de mes chalandes. Je plaçai dans chacune de ces étuves un panier rempli de coton, et j'y suspendis un thermomètre pour m'assurer du degré de chaleur nécessaire à mon opération. Je fis, à l'exemple du savant auteur de ce Traité, plusieurs trous ou registres, au couvercle de ces fours, je les garnis chacun de leurs bouchons, afin d'y pouvoir faire entrer ou sortir l'air extérieur ou intérieur, et y conserver toujours par ce moyen un degré de chaleur égal à celui du corps humain. Après une exacte observation (que je fis dans la maison de Madame Douglas, en présence de plusieurs de mes confrères) de la chaleur des parties destinées à la formation du fœtus, en y introduisant la balle de mon thermomètre, je trouvai qu'elle était de trente-cinq degrés et un seizième ; d'où je conclus que ce grand homme, en prescrivant de mettre sous l'aisselle la balle du thermomètre ne connaissait pas la partie la plus chaude du corps humain, et qu'une femme, quelque variation qu'il puisse y avoir dans les tempéraments, est au moins de trois degrés plus chaude qu'une poule.

C'est à vous, mon cher docteur, et à ce célèbre académicien, que j'ai l'obligation d'avoir su préparer, pour les fœtus, des fours convenables, où le degré de chaleur fût égal à celui qui se fait sentir dans le lieu qu'ils ont coutume d'occuper. Je composai de plus une liqueur, analeptico-alexipharmaco-cordiaco-nutritive, pour leur servir d'aliment, après qu'ils auraient été déposés dans mes étuves. J'imaginais qu'il ne me restait plus, après ces précautions, aucune appréhension sur la réussite de mon système, quand il me vint dans l'esprit que j'avais encore à aplanir la principale difficulté, qui fait le malheur de toutes les filles qui suivent malheureusement les mouvements de la nature ; je veux dire qu'il me restait à trouver un moyen de faire déloger ces petits embryons de leur séjour ordinaire.

Je me rappelai que, dans le temps que j'étudiais à Oxford, la fille de mon tailleur étant venue m'apporter une robe de chambre, il s'était passé entre nous une petite aventure, dont les suites malheureuses prouvèrent indubitablement qu'un de ces petits embryons s'était niché dans un endroit d'où tous les secrets de médecine que je possédais ne purent le faire déloger qu'au bout de neuf mois, que cette ouvrière mit au monde une petite fille, que j'ai été obligé de faire élever à mes frais et dépens. Le souvenir de cette fâcheuse catastrophe m'interrompit au milieu de mon travail : je sentis que mes matrices et mes fours devenaient absolument inutiles, si je ne trouvais pas un moyen de faire sortir ces petits embryons des habitations que la nature leur a assignées.

Lorsque quelque difficulté m'arrête en travaillant, mon habitude est de m'enfermer dans mon cabinet. Je sais qu'il est des savants qui, en pareil cas, se contentent de faire deux ou trois pirouettes, de prendre du tabac ou de siffler un air, mais j'avouerai que cette recette ne m'a jamais été favorable ; j'eus recours à mon ancienne façon d'agir, je me retirai dans mon laboratoire, et m'étant assis dans mon fauteuil, je me mis à rêver et à tâcher d'imaginer un moyen de remédier à l'inconvénient qui suspendait l'accomplissement de mon projet ; je fis des efforts de mémoire incroyables, pour me rappeler si aucun auteur ancien ou moderne avait écrit quelque chose de relatif à ce sujet; enfin après bien des tourments, mes yeux se fixèrent sur un vieux in-douze, sur le dos duquel le libraire, attentif et ménager, avait écrit sur un petit morceau de papier: Traité des pierres précieuses par Boëtius[1]: Ah! mon cher Boëtius, m'écriai-je avec transport, que je donnerais volontiers une partie de mes richesses, si tu pouvais éclaircir la difficulté qui m'arrête, hélas!... J'étais si fort livré à la mélancolie de mes réflexions, que je ne m'étais pas aperçu qu'au moment de mon exclamation le livre de ce bon Hollandais avait quitté sa place et était venu s'ouvrir à mes pieds.

Il fallait un événement aussi merveilleux

[1] Nom latinisé d'Anselme de Boot, qui, écrivant au commencement du dix-septième siècle, n'était pas encore débarrassé des préjugés qui durent encore au sujet de quelques pierres précieuses.

pour suspendre le chagrin qui me dévorait ; et quoique je n'eusse pas le moindre espoir de trouver le moyen de faire accoucher les femmes, dans un livre qui ne traite que des pierres précieuses, mes yeux s'occupèrent à parcourir la page qui s'était présentée à l'ouverture du livre, et se fixèrent sur un chapitre, en tête duquel je lus le mot : aëtites[1].

Après beaucoup de verbiage et de prolixité, l'auteur passe aux vertus et à l'usage de ce fameux minéral qui n'est autre chose que la pierre d'aigle, généralement connue par toutes les vieilles femmes de la terre. Après une énumération de toutes ses propriétés, comme de faire disparaître les esprits, guérir le mal de dents, faire trouver les trésors, etc., je parvins à un article dans lequel l'auteur nous apprend, d'après l'expérience qu'il en a

1 L'aëtite ou pierre d'aigle est un tritoxyde de fer sans vertus.

faite, que si une femme enceinte la porte à son bras, elle n'aura jamais de fausses couches; que si, au contraire, elle l'attache à sa jambe, ou à telle autre partie du corps inférieure au siége de la conception, le fœtus, de tel âge, dans telle circonstance qu'il puisse être, sortira immédiatement du ventre de sa mère.

Je me serais fait un scrupule d'ajouter moins de foi à la seconde qu'à la première partie de ce récit miraculeux. J'envoyai en conséquence chercher chez tous les joailliers, à quelque prix que ce fut, toutes les pierres d'aigle qu'ils pouvaient avoir; j'en trouvai heureusement une quantité suffisante pour les besoins actuels de mes pratiques, et pour attendre le retour des courriers que j'avais dépêchés dans les pays étrangers, afin de m'en procurer un plus grand nombre.

Ce fut huit jours après la lecture de votre livre, Monsieur, que je me vis absolument établi dans ma nouvelle habitation : mon jardin était préparé, mes matrices artificielles étaient disposées, mes pierres étaient en état ; je n'attendais, en un mot, que le moment favorable pour faire ma première épreuve.

Le lendemain je fis publier que toutes les dames qui voudraient jouir du plaisir que cause ordinairement la façon d'un enfant, sans que leur honneur, ou du moins leur réputation (ce qui est synonyme dans ce siècle), encourût le moindre risque, n'avaient qu'à se rendre chez moi, et qu'elles pouvaient être sûres d'être délivrées du fruit de leurs amusements, au bout de sept jours et trois heures, sans douleur et sans danger, même sans qu'elles s'en aperçussent.

Vous vous imaginez aisément que je ne manquai pas de visites. J'avais fixé le lendemain du jour de ma publication, pour procurer aux dames cette satisfaction, et je n'étais pas encore levé, quoique je sois assez matinal, que ma salle et mon cabinet étaient remplis de femmes du voisinage, depuis l'âge de quatorze ans jusqu'à soixante.

Malgré le plaisir que me causa cette affluence de dames occasionnée, sans doute, par une ferveur de zèle pour la propagation de l'espèce, je fus obligé, à mon grand regret, d'en renvoyer la plus grande partie, en les avertissant que lorsqu'elles reviendraient, elles eussent la bonté d'amener avec elles leurs galants. Je ne réservai pour subir ma première épreuve, qu'une jeune fille de l'âge de seize ans. Après quelques difficultés, qui (ainsi que l'ont remarqué les plus grands philosophes, et principalement M. De...) accompagnent indispensablement les premières expériences, je crus pouvoir me flatter que mon sujet était dans l'état que je désirais, pour voir la preuve de mon système.

Je la gardai pendant sept jours et trois heures; (ce n'est pas que cet intervalle de temps soit absolument nécessaire; quelques jours ou quelques semaines de plus, ne font pas le moindre changement, et l'expérience réussira toujours, depuis le moment de la conception jusqu'au neuvième mois). A l'expiration de ce terme, je la menai dans mon jardin, et après avoir préparé un de mes plus petits fours, dans lequel, au moyen du fumier dont je l'entourai, j'introduisis le degré requis de chaleur, de trente-cinq degrés et un seizième, je pris une de mes pierres d'aigle que je lui attachai avec un ruban, au-dessus de la cheville du pied.

Ainsi disposée pour ce grand œuvre, je la fis entrer dans l'étuve, et je la plaçai verticalement sur le panier rempli de coton, qui devait recevoir l'enfant dont elle était enceinte.

Représentez-vous, maintenant, mon cher docteur, avec quelle impatience j'attendais la fin de mon opération ; mais redoublez je vous prie, votre attention ; je n'avais pas encore achevé deux tours de promenade, et mon esprit inquiet travaillait encore à comprendre comment ce miracle pouvait s'accomplir, que j'aperçus ma jeune écolière bondissant, pour ainsi dire, de l'excès du plaisir dont elle était saisie, qui me prenant par la main, me dit avec un transport qui égalait à peine celui que je ressentais : C'en est fait,... mon cher ami, c'en est fait,... je suis accouchée.

Que l'on imagine (si cela est possible) la joie dont je fus transporté à cette nouvelle. Je proférai mille actions de grâces en l'honneur du vénérable Hollandais, dont les lumières avaient aplani mes difficultés, je fis mon compliment à la demoiselle, de ce qu'elle venait de recouvrer l'état dont elle jouissait avant son entrée dans ma maison, et je volai vers le four qu'elle venait de quitter : une faible voix que je crus entendre sortir de l'étuve, et qui en sortait effectivement, suspendit un moment ma course. J'arrivai cependant, et mettant la tête dans le tonneau, je vis, la postérité le croira-t-elle? un petit garçon, bondissant sur le lit de duvet que je lui avais préparé ; je fermai aussitôt le four, et courant promptement chercher chez moi un bassin rempli de l'a n a - l e p t i c que j'avais composé, j'y plongeai l'enfant qui venait de naître.

Soit qu'il faille que le fœtus respire continuellement, lorsqu'une fois il a commencé à le faire, soit que le conduit de la respiration ne fût pas ouvert à celui qui venait d'éclore, dans un temps où, suivant les meilleurs auteurs, il aurait dû l'être, j'eus le chagrin de voir noyer, en peu de secondes, mon fils unique et mon héritier.

Comme M. De... nous dit, que l'on ne doit jamais se flatter de réussir dans les premières épreuves que l'on fait d'une matière aussi délicate, je supportai la mort de mon enfant avec une constance vraiment philosophique, et l'espérance de la voir bientôt réparée, par la naissance d'une infinité d'autres contribua beaucoup à m'en consoler.

Je donnai un second avis public, par lequel je fis savoir que les dames pouvaient se rendre le lendemain, chez moi, pour essayer les fours les mieux proportionnés à leur taille, et travailler ensuite à la propagation du genre humain, pourvu qu'elles se ressouvinssent ponctuellement du quart d'heure, afin que je pusse calculer le terme de leur accouchement, et faire mes préparatifs en conséquence.

J'avais pris la précaution, avant d'afficher cette invitation générale, de disposer trente-cinq étuves, capables, chacune, de recevoir depuis cent jusqu'à cent cinquante embryons; malgré cette attention, le nombre des dames qui me firent l'honneur de me venir voir fut si considérable, qu'après en avoir laissé entrer pendant deux hèures, je fus obligé de refermer ma porte, de crier par la fenêtre que ma maison était pleine et qu'il m'était impossible d'en recevoir d'avantage.

Comme mon dessein était de suivre en tous

points l'exemple de mon maître M. De... je me proposai de tenir une note exacte du jour de la formation de ces petits embryons, et, lorsqu'ils seraient éclos, d'en écrire soigneusement la date sur la partie la plus charnue de leurs corps, afin de m'assurer du moment où ils seraient parvenus au terme de neuf mois, et où ils pourraient par conséquent abandonner les fours. Je fis savoir que toutes les dames qui voudraient se divertir chez elles, et m'envoyer exactement leurs noms, les circonstances, l'heure et le moment de leurs plaisirs, seraient également reçues chez moi au temps préfixe, et qu'elles y jouiraient des mêmes priviléges que celles que je m'étais déterminé à garder dans ma maison, jusqu'au terme de leur accouchement.

Le nom des personnes m'était absolument nécessaire à plusieurs égards ; je craignais cependant qu'on ne voulût pas y souscrire, et j'envisageais ce refus comme un très-grand obstacle à l'exécution de mon système. J'avais grand tort, et je demande mille pardons aux femmes de mon pays de les avoir soupçonnées d'une qualité qui n'est plus absolument de mode, je veux dire de modestie. Je reçus un si grand nombre de notes qu'on ne pouvait suffire à les enregistrer, et que je me vis forcé, au bout de quarante heures, d'avertir qu'il m'était impossible de faire honneur à un plus grand nombre de billets, et que les dames qui s'exposeraient jusqu'à nouvel ordre, agiraient à leurs risques, périls et fortunes.

Je m'enfermai chez moi, et je me livrai tout entier à l'étude des moyens de perfectionner ma découverte, jusqu'à l'expiration du terme prescrit pour commencer mes expériences avec les dames que j'avais dans ma maison. Je visitai tous les jours mes matrices artificielles, et j'eus grand soin d'y entretenir le même degré de chaleur, soit en ouvrant ou fermant les registres, soit en ôtant ou ajoutant du fumier.

Enfin le moment si ardemment désiré arriva : je fis passer mes pensionnaires dans mon jardin, et dans l'espace d'une heure, elles furent toutes heureusement délivrées du fruit de leurs récréations ; elles prirent congé de moi après de grands remerciements, et des prières instantes de leur faire savoir le jour auquel je voudrais bien leur accorder de nouveau l'entrée de ma maison.

Les dames externes, qui avaient pris date pour les deux jours suivants, furent exactes au rendez-vous et elles trouvèrent, toutes, le même soulagement à leurs inquiétudes. En un mot, l'accouchement général fut si heureux, que je me trouvai, en trois jours, à la tête d'une armée de plus de trois mille embryons. Je me gardai bien de les plonger dans mon analeptic; la fatale expérience que j'en avais faite sur mon fils ne m'avait malheureusement que trop instruit sur ce sujet.

L'heureux succès que je venais d'éprouver

en donnant l'être à un si grand nombre de petits hommes et de petites femmes, concourait à me persuader qu'il était possible de trouver un moyen de les faire parvenir jusqu'au terme de neuf mois, et que cette réussite dépendait de la composition ou de l'application d'une liqueur qui put leur servir de nourriture; c'est ce qui, dès ce moment, fit l'objet principal de mes recherches et de mes travaux.

Cependant, malgré cette persuasion, qui pouvait être regardée comme fondée, je ne négligeai rien, et je fis diverses expériences pour tâcher de parvenir par une autre voie, si cela était possible, à la perfection de ma découverte. J'observai pour chaque étuve particulière une conduite différente, afin que si l'une venait à manquer et l'autre à réussir, je pusse constater une façon de les gouverner. J'ajoutai du fumier à l'une, j'en ôtai à l'autre, je couvris celle-ci d'une couverture, afin d'empêcher l'air extérieur d'y pénétrer; je laissai celle-là découverte, afin qu'elle y fût continuellement exposée. Dans certains fours j'ouvris tous les registres, dans d'autres je les fermai. Mais, hélas ! est-il possible de songer à tout dans un coup d'essai ? Non sans doute, et pour imiter la sincérité de notre grand maître Hippocrate, qui, après un long détail de la manière dont il traita une maladie, confesse ingénuement que le malade en mourut, je dois, malgré le chagrin que j'en ressens encore, convenir ici, de bonne foi, que toutes mes espérances furent renversées par la mort successive de tous mes embryons : les uns périrent de l'excès du froid, les autres de l'excès du chaud ; le défaut d'air en étouffa plusieurs ; sa trop grande abondance en fit mourir un aussi grand nombre ; en un mot, de trois mille fœtus que je possédais, il me fut impossible d'en faire vivre un plus de quatre jours.

Je viens, Monsieur, de vous faire un exposé

véridique de l'état où en est ce grand œuvre, et je suis persuadé que vous convenez intérieurement qu'il est possible de le conduire à sa perfection, et de trouver un moyen d'élever ces fœtus jusqu'au moment auquel on peut les remettre entre les mains des nourrices.

Permettez-moi, maintenant, de vous demander ce que vous pensez de l'obligation que doit m'avoir le monde entier pour une pareille découverte ? De quelle récompense assez considérable ma patrie peut-elle payer un secret qui va la rendre la plus riche et la plus puissante nation de l'Univers ? Mon ambition cependant sera satisfaite, quant à présent, si l'on veut m'accorder une souscription volontaire parmi les dames, pour l'établissement de mes nouveaux fours, et des patentes qui m'en assurent le revenu pendant quatre-vingt-dix-neuf ans, aux conditions que dans vingt et un ans de leur date, je m'engage à fournir annuellement cent cinquante mille hommes en état de porter les armes et de défendre mon roi et ma patrie.

Laissons, MONSIEUR, aux Français le soin de faire éclore des poulets, et travaillons à faire naître des hommes. Quel est l'ennemi qui pourra nous résister, lorsqu'un seul jardin suffira pour mettre sur pied des armées considérables? Que sont, en comparaison de mon système, les différents plans de ces cerveaux brulés, qui nous étourdissent depuis vingt ans de leurs projets pour acquitter les dettes nationales ? Que ma découverte soit encouragée comme elle le mérite, et il ne sera question ni d'inventer de nouveaux impôts ni de réduire les intérêts des emprunts publics.

La richesse d'un royaume consiste sans contredit dans le nombre de ses habitants; par conséquent, si la proposition qu'avance un de mes compatriotes est vraie, c'est-à-dire, si tout sujet mâle existant rapporte au roi dix guinées par an, combien de millions ne vais-je point mettre dans les coffres de ma patrie, par la quantité innombrable de citoyens dont je vais la peupler ?

Heureux le pays dans lequel est né Richard Roë; mais plus heureux encore Richard Roë, d'être né dans un pays qui mérite, à un si juste titre, un aussi grand bonheur ! Je sais, mon cher docteur, que vous et moi nous vivons dans un siècle où l'usage est d'établir la théorie, et de forcer ensuite la pratique à y correspondre; mais moi, qui crois pouvoir, avec raison, me distinguer du reste des hommes, je veux être le fondateur d'une nouvelle méthode de philosopher et, maintenant que j'ai fermement constaté le fait, je vais en établir la théorie.

On m'objectera peut-être que mon système ne tend à rien moins qu'à produire des enfants, et comment est-il possible, s'écriera le public, qu'un homme puisse produire son semblable ? C'est une question à laquelle une jeune fille de dix-neuf ans aurait bientôt répondu; mais ce n'est pas ce dont il s'agit maintenant : je ne crée pas plus des hommes que M. De ... ne crée des poulets ; notre intention commune est seulement de les faire naître et de les élever jusqu'à un certain âge.

Mais je suppose que mon but soit d'en produire : où sont les raisons qui m'en démontrent l'impossibilité? Les enfants sont du nombre des productions de la nature, pourquoi donc ne serait-il pas possible de faire ses fonctions dans une de ses productions aussi bien que dans une autre. Combien de certitudes n'avons-nous pas aujourd'hui que l'on peut faire de l'or, et combien de preuves avons-nous qu'on est parvenu à en faire ! Il n'est pas douteux que l'on parviendrait également à produire les autres métaux, si l'on voulait s'y appliquer, ou si le bénéfice qu'on en retirerait était suffisant pour dédommager des peines qu'on aurait prises pour y réussir.

Des minéraux passons aux végétaux ; pourquoi ne serait-il pas aussi aisé de produire un enfant de son principe, dans un tonneau ou dans un four, qu'il est facile de faire revivre de leurs cendres un lys ou une tulipe dans un récipient.

Il est vrai que ces plantes ressuscitées n'ont pas une plus longue durée que n'en ont eu malheureusement mes embryons, et qu'elles retournent en cendres, aussitôt que l'air les a frappées; mais peut-être que le secret de les rendre durables et celui de conserver mes petits hommes, seront découverts en même temps.

Si l'on veut se donner la peine de lire nos Transactions philosophiques, ouvrage auquel ce serait un aussi grand crime de ne pas ajouter foi, que de révoquer en doute le contenu d'un livre que, par respect nous ne nommons jamais dans nos assemblées, on y trouvera le détail d'un moyen de produire des oranges aussi douces et aussi sucrées que celles que l'on va chercher dans les pays étrangers.

Le profond génie auquel nous sommes redevables de cet art merveilleux nous assure l'avoir non-seulement inventé, mais même éprouvé quelquefois.

Il ne faut, pour y parvenir, que mettre dans une bouteille d'huile d'amandes douces quelques fleurs d'orangers, les y laisser dissoudre, et fermer ensuite la bouteille jusqu'à la saison suivante : alors on verra dans la bouteille quantité de fleurs s'épanouir, se nouer, et produire enfin des oranges d'un goût et d'un parfum délicieux.

Mais c'est assez parler des productions inanimées : disons quelque chose des êtres vivants.

Tout l'univers a entendu parler de ce Français qui produisait des insectes, des minéraux et des végétaux, dans un peu de terre qu'il avait séparée d'une eau distillée.

Le fameux Kenelm Digby produisait des écrevisses, et il en fournissait journellement sa table.

Le grand Paracelse, dont les écrits ont au moins autant de réputation que nos *Transactions philosophiques*, nous assure avoir fait plusieurs fois, dans une bouteille chimique, une figure humaine qui remuait, qui parlait et qui raisonnait [1].

Si Paracelse a opéré ce prodige sans le secours d'aucune matrice, à combien plus forte raison mon système doit-il paraître praticable à tout homme qui réfléchit, puisque je me sers d'un récipient qui, moyennant mes préparations, fait les fonctions de celui de la femme, et que j'y dépose un fardeau qu'elles n'auront plus l'incommodité de porter, que pendant la trente-cinquième partie du temps ordinaire.

[1] C'est l'*homunculus* retrouvé par Wagner, le famulus du docteur Faust.

Mais, sans avoir recours aux chimistes et aux philosophes, l'histoire nous fournit plusieurs exemples qui concourent à confirmer la solidité de ma découverte.

Par quel moyen Bacchus est-il parvenu de l'état d'embryon au terme ordinaire, si ce n'est par l'effet de ceux dont je viens de donner le détail ?

Ç'aurait été un anachronisme grossier d'introduire l'usage des tonneaux dans le monde, avant que le Dieu du vin eût existé ; aussi le héros qui le conserva fût-il obligé d'avoir recours à la ruse dont s'est servi un voyageur, pour cacher un diamant qui avait été dérobé : il se fit une incision à la cuisse dans laquelle il le recéla.

On sait que l'usage des poëtes est de donner toujours un air de prodige aux événements les plus simples ; mais, sans nous arrêter aux ornements de la fiction, rapportons l'histoire telle qu'elle est.

Il régnait jadis en Crète un certain Jupiter, qui était, sans contredit, le plus débauché de son royaume. Dans le nombre des dames qui venaient faire leur cour à la reine, il jeta les yeux sur une brune fort piquante nommée Sémélé, qui était la fille d'un vieux officier de son armée. Son rang lui facilita bientôt les moyens de s'introduire auprès d'elle, et d'en obtenir des faveurs qu'on refuse rarement à son roi ; mais, comme c'était un libertin déterminé, il avait à peine chaussé l'individu de Bacchus qu'il abandonna sa conquête et vola dans les bras d'une autre femme, qui lui joua un fort vilain tour, et qui paya d'un retour très-cuisant les soins qu'il lui rendit pendant plusieurs jours.

Jupiter ne fut éclairci sur son infortune que lorsqu'il en eut communiqué les fruits amers à la reine son épouse.

Par un bonheur singulier, le roi n'avait point eu, depuis cet accident, d'entrevues sérieuses avec Sémélé, et il ne lui avait rendu que quelques visites de bienséance, par rapport à l'enfant dont elle était enceinte.

Junon, dans la résolution de se venger des douleurs qu'elle souffrait, prit le parti de se déguiser, de parcourir son royaume, pour tâcher de découvrir la femme qui avait fait ce funeste présent à son mari. Élle se rendit chez Sémélé; mais, à l'ingénuité de sa conversation, elle reconnut aisément qu'elle était non-seulement innocente sur la cause de son désespoir, mais même que Jupiter ne lui avait point fait part de la maladie dont il était atteint.

Cependant, comme elle savait qu'il n'y avait pas longtemps que Jupiter l'était venue voir, elle fut si piquée de ce qu'il avait respecté sa santé, qu'elle forma sur-le-champ le dessein de l'associer à son malheur; elle entra dans un grand détail sur les qualités de son mari, fit l'éloge avantageux de son mérite, de ses talents, de sa vigueur et des agréments de sa personne. « Ma chère demoiselle, lui dit-elle, je connais Jupiter mieux que vous ne pensez ; je vous veux du bien, et je ne puis m'empêcher de vous donner un bon avis : je vois qu'il s'est contenté auprès de vous d'un badinage assez superficiel ; tâchez de l'engager à vous traiter de la même façon dont je sais qu'il en use avec sa femme, et je vous garantis des plaisirs dont son amour ne vous a donné jusqu'à présent qu'une idée très-imparfaite. » Sémélé, jeune, curieuse, et qui avait d'ailleurs une inclination décidée pour le plaisir, fit ses réflexions sur les conseils qu'on venait de lui donner ; elle se ressouvint qu'effectivement depuis plusieurs jours son amant la traitait avec beaucoup d'indifférence. A la première visite qu'elle en reçut, elle lui fit innocemment mille agaceries, pour éprouver si tout ce qu'on lui avait dit était vrai. Jupiter, se voyant ainsi prévenu, s'étourdit insensiblement sur les remords qui auraient dû le retenir, et, cédant enfin à l'attrait du plaisir qui lui était offert de si bonne grâce, il se précipita dans les bras de sa maîtresse, et lui fit part de toute la volupté dont on avait flatté son imagination, ainsi que de toute la subtilité du poison dont il était enrichi.

Un libertin honnête homme fait rarement d'affront de cette espèce à une femme, sans en avoir un sincère repentir. Jupiter devint mélancolique, et craignant pour la santé de Sémélé, comme pour celle de l'enfant dont elle était enceinte, il la mit entre les mains d'un certain Apollon, médecin à la mode de ce temps-là, qui, pour préserver Bacchus de ce venin contagieux, le fit sortir aussitôt du sein de sa mère. L'histoire ne nous dit pas si ce fut avec la main, ou par le moyen d'une pierre d'aigle, que l'opération fut faite; elle nous apprend seulement que Jupiter le renferma dans sa cuisse, et qu'à l'expiration du terme ordinaire, il mit au monde ce Dieu de la gaîté qui, par son amour pour les femmes, pour le vin et pour la guerre, peut servir de modèle à tous nos héros modernes.

On m'objectera peut-être que, lorsque Bacchus subit cette transmigration, il était déjà âgé de cinq ou six mois, et que par conséquent, cette expériencene peut rien prouver en faveur de la mienne. Pour faire taire la critique, je vais rapporter l'histoire d'Erichton, roi d'Athènes.

Il est absolument hors de doute que ce prince n'a jamais exité plus d'une demi-minute dans le ventre de sa mère, si même il est bien prouvé qu'il y ait existé. Voici l'histoire telle qu'elle est.

Une fille de ce temps-là, nommé Pallas, qui avait une inclination extraordinaire pour la guerre, fut trouver un armurier boiteux de sa connaissance, et le pria de vouloir lui faire une armure. L'ouvrier le lui promit, mais aux conditions que pour arrhes elle lui accorderait certaines faveurs : la belle y consentit, et il s'était à peine écoulé une demi-minute depuis la consommation du marché, qu'elle se ressouvint avoir fait vœu de chasteté. Que fit-elle? Elle délogea sur-le-champ le petit Erichton et, à l'imitation de Jupiter son père, elle le porta dans sa cuisse pendant neuf mois, à l'expiration desquels elle mit au monde ce héros, à qui l'univers est redevable de l'invention des fiacres.

J'en appelle maintenant, MONSIEUR, à tous mes confrères, à vous même, et je demande si je n'ai pas suffisamment démontré le ridicule et les inconvénients de votre système, et, si au contraire, je n'ai pas fermement établi par des preuves tirées de la raison, de l'expérience et de l'histoire, que le mien est sans comparaison beaucoup mieux imaginé, et pour l'utilité de l'univers en général, et pour la satisfaction des dames en particulier.

Il me reste maintenant à vous détromper sur l'honorable Société dont j'ai l'honneur d'être, et dans laquelle je suis prêt à signer que vous méritez d'être admis.

La mauvaise opinion que vous en avez ne vient que de l'ignorance où vous êtes de la nature de notre institution ; et cette ignorance, permettez-moi de vous le dire, Monsieur, est inexcusable dans un homme de votre mérite. Ayez la bonté de nous rendre une visite, et vous verrez que, pour peu que l'on ait de goût pour le plaisir de faire des brochures, le système entier de l'univers ne peut pas en fournir d'occasions et de sujets plus favorables que nos assemblées.

C'est nous, Monsieur, qui avons prouvé des choses.... que personne, excepté nous, n'aurait jamais imaginé avoir besoin de preuves. Je pourrais, pour vous en convaincre, vous rapporter ici les utiles dissertations que nous avons faites sur la chaleur du feu, sur les insectes, sur la différence qu'il y a entre l'herbe et le foin, etc. Mais comme ce serait vouloir faire un volume de cette lettre, j'aime mieux vous renvoyer à l'original, et je vous prie de vouloir bien vous donner la peine de lire nos *Transactions philosophiques.*

J'ai l'honneur d'être, avec le désir le plus sincère de vous voir de notre société,

MONSIEUR,

Votre très-humble et très-obéissant serviteur.

Richard ROË.

TABLE

ERRATUM

Introduction, p. v, Goguenot des Mousseaux, lisez : Gougenot des Mousseaux.

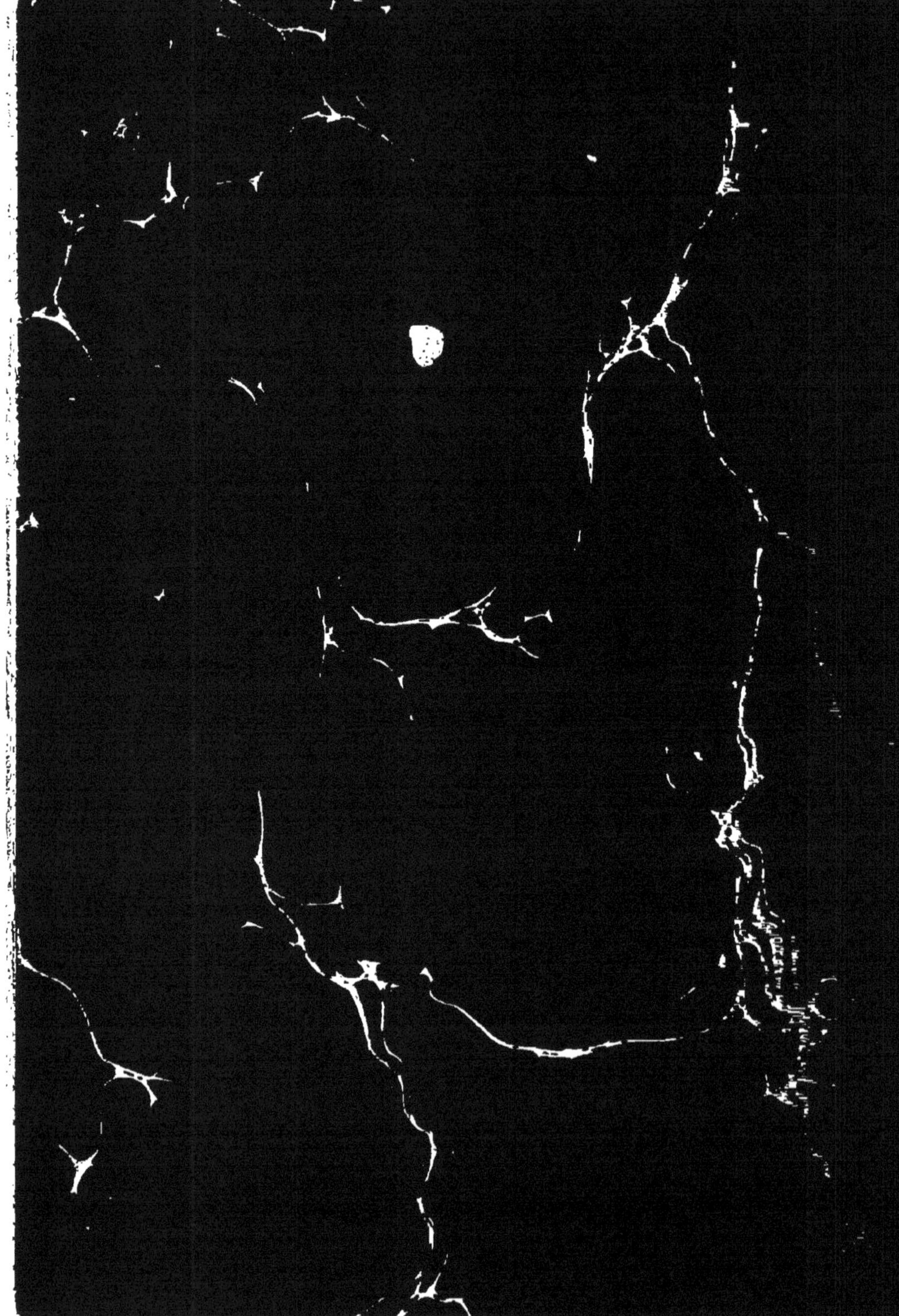

www.ingramcontent.com/pod-product-compliance
Ingram Content Group UK Ltd.
Pitfield, Milton Keynes, MK11 3LW, UK
UKHW020456200726
13857UKWH00002B/734

9 782011 948830